曼蒂家的
豐盛沙拉

蒙特婁人氣餐廳食譜大公開，沙拉✗淋醬✗奶昔✗甜點✗穀物碗，
超簡單原型食物，最健康的美味提案！

Mandys Gourmet Salads

Recipes for Lettuce and Life

by

Mandy Wolfe, Rebecca Wolfe, Meredith Erickson

曼蒂・沃爾夫 & 瑞貝卡・沃爾夫 & 梅莉迪絲・艾瑞克森 ————— 著

羅亞琪 ————— 譯

國家圖書館出版品預行編目（CIP）資料

蒙特婁超人氣餐廳食譜大公開，沙拉×淋醬×奶昔×甜點×穀物碗，超簡單原型食物，最健康的美味提案！曼蒂‧沃爾夫，瑞貝卡‧沃爾夫，梅莉迪絲‧艾瑞克森著；羅亞琪譯. -- 新北市：遠足文化事業股份有限公司潮浪文化，2021.07　256 面；　16.8X21.4 公分　譯自：Mandy's gourmet salads : recipes for lettuce and life.
ISBN 978-986-06480-1-0(平裝)　1. 食譜

427.1　　　　　　　　　　　　　　　　　　　　　　　　110008298

曼蒂家的豐盛沙拉

沙拉×淋醬×奶昔×甜點×穀物碗，超簡單原型食物，最健康的美味提案！

Mandy's Gourmet Salads : Recipes for Lettuce and Life

作者	曼蒂‧沃爾夫，瑞貝卡‧沃爾夫，梅莉迪絲‧艾瑞克森（ Mandy Wolfe, Rebecca Wolfe, Meredith Erickson）
譯者	羅亞琪
主編	楊雅惠
特約編輯	林毓珊
校對	吳如惠、林毓珊、楊雅惠
視覺構成	王瓊瑤
社長	郭重興
發行人兼出版總監	曾大福
總 編 輯	楊雅惠
出版發行	遠足文化事業股份有限公司　潮浪文化
電子信箱	wavesbooks2020@gmail.com
粉絲團	www.facebook.com/wavesbooks
地址	23141 新北市新店區民權路 108-2 號 9 樓
電話	02-22181417
傳真	02-22180727
法律顧問	華洋法律事務所　蘇文生律師
印刷	中原造像股份有限公司
出版日期	2021 年 7 月
定價	480 元

Mandy's Gourmet Salads Copyright © 2020 , Amanda Wolfe and Rebecca Wolfe
This edition arranged with InkWell Management LLC
Through Andrew Nurnberg Associates International Limited.
Photography by Alison Slattery, Two Food Photographers
Photo on page 62 by photographer ,Mikaël Theimer and photo on page 186 by by Michelle Little Photography
Design by Cow Goes Moo
Complex Chinese translated and published by Waves Press, a division of WALKERS CULTURAL ENTERPRISE, Ltd.
All rights reserved.

本書獻給我們的家庭：
我們出生的家庭、我們正在創造及選擇的家庭。
同時向我們已故的父親傑森·沃爾夫（Jason Wolfe）致敬，
感謝他慈愛教導我們充滿活力的創業精神，並始終是我們最大的粉絲。

Contents

我們兩姊妹
（左,曼蒂;右,瑞貝卡）
與文斯（中）

我們的故事

「曼蒂沙拉」的故事是一對姊妹的故事（那就是我們：曼蒂和瑞貝卡），所以一切其實要從我們的故事開始說起。就讓瑞貝卡先起頭吧！

瑞貝卡 | 九〇年代晚期，我在紐約帕森設計學院（Parsons）念書時，紐約的沙拉風潮正值高峰期。每個角落都看得到有人在賣沙拉，販售的產品基本上離不開當時「健康午餐輕鬆吃」的概念。我吃過很多家沙拉，但是都不像我們小時候住在蒙特婁時，姊姊曼蒂為我做的沙拉那樣美味。住在紐約時，我常幻想她做的巨無霸沙拉，淋上使用花圃新鮮現摘的香草製成的油醋醬；或者是她二十出頭到越南旅行後，獲得靈感使用大量香菜和薄荷創作而成的沙拉；又或是她的招牌——小時候就開始為全家人製作的（超大）巧克力豆餅乾。

我那時十九歲，當時的男友（現在的老公）文斯（Vince）在蒙特婁的維多利亞村（Victoria Village）開了一間名叫「蜜蜜與可可」（Mimi & Coco）的服飾店，我暑假時會在那裡賣衣服打工。服飾店後面有一點空間，文斯想要改裝成一家販賣義大利帕尼尼三明治的咖啡廳。我們墜入愛河的那年冬天，我說服他，我在紐約見證的沙拉熱潮也可以發生在蒙特婁！我告訴他，我們應該要有一家沙拉餐廳，而不是帕尼尼咖啡廳。曼蒂可以研發美味的菜單，我可以跟她一起經營！令人驚訝的是，文斯居然同意了。然後（更令人驚訝的是），我居然成功說服曼蒂辭去教書的工作，和我一起踏上這個瘋狂的沙拉之旅。

曼蒂 | 就是這麼一回事。在二〇〇四年五月，可可咖啡廳（Coco Café）開張了。這是一家很迷你的餐廳，總共只有十八平方公尺，而用來為所有沙拉備料的櫃台僅一公尺長。我和瑞貝卡是唯二的員工。有時，我們站在櫃台前好幾個小時，卻只有少少幾組客人上門。但我們對自己的產品有信心、堅持自己的理念，漸漸地，名聲開始遠播。我們都是晚上在公寓準備沙拉需要的肉類，隔天早上帶到店裡，畢竟沒有人會想要花好幾千元買一件聞起來像咖哩雞的毛衣！我們也會在晚上完成所有的淋醬，使用我們自己的獨門保存期限標示系統。我們共用的那輛福斯Jetta總是充滿烤雞和巴薩米克醋的香氣！

蒙特婁老城區分店

經營幾年後，排隊人潮慢慢排到店外。店內擠得水洩不通，我們忙得不可開交。我們站在櫃台後變出數千份沙拉，每天都因為生菜用完這個正當理由而必須關店。因此，我們的營業時間很不穩定。我們典型的一天是這樣的：在批發市場Aubut Distribution Alimentaire（為蒙特婁每一個餐館和咖啡廳老闆供應食材的地方）七點開門前起床，成為最早抵達的客人，接著開車到皇家山（Mount Royal）（區隔蒙特婁東西端的著名地標）和肉販買好肉類，最後前往中央市場採購其他沒買齊的食材，然後趕在開門時第一批客人湧入前開店。我真的數不清有多少個忙碌的夜晚，在店裡打烊後還在半夜兩點製作芝麻醬，而且仍能奇蹟似地記得食譜的每個細節！或者，我們有多少次將客製沙拉送到路邊並排停車的時髦休旅車，唯恐少賣一組客人或沒有讓貴賓享受到最好的服務。在可可咖啡廳混拌沙拉和洗碗十年後，我們得到腕隧道症候群──連賣沙拉也有職業風險！

瑞貝卡　｜　可可咖啡廳就像我們的孵化器。在那段期間，我們學會了哪些食材組合可行，哪些不可行。我們很幸運，有一群非常忠實、有耐心又思想開放的顧客一直支持著我們。人們想吃什麼，我們就會變出什麼。熟客愛吃的東西，我們漸漸地就會記住。假如很多客都點類似的組合，我們會開始留意，最後正式加進菜單中成為新口味，並以客人的名字命名！例如，布萊恩走進店裡點了自己最愛的組合，然後曼蒂為他製作。不久，大學學生、媽媽們、她們的小孩、小孩的朋友會走進來說：「我想要一份布萊恩的沙拉。」我們就會做布萊恩最愛的沙拉給他們吃。我們有些沙拉便是這樣誕生的，有些沙拉則完全是曼蒂的構想，如羅馬和托斯卡尼沙拉──某天晚上，她為了一群朋友，使用烤肉網製作塞有水牛莫扎瑞拉起司的日曬番茄乾青醬雞肉，即興創作了這道沙拉。永恆夏日沙拉也是，是她一時興起加入石榴（之後還加了我們獨家的素雞肉）所製成。

此外，我們在頭幾年也改了幾次店名。香奈兒的法律部門寄了一封信給我們後，我們把最初的可可咖啡廳改成「綠色公司」（Greems & Co.），但是又覺得這名字太過冰冷、沒有感情。後來，我說服曼蒂用她的名字做為品牌名稱。對我來說，這一切的重點本來就是曼蒂的沙拉。曼蒂每天還是會做沙拉給我吃，我也總告訴朋友和家人我在吃「曼蒂」的沙拉。曼蒂的沙拉念起來很順口，而且我深

深認為取這個名字對我們的生意會有幫助，因為這個故事是真的，曼蒂也是真有其人。那時，我們當然不知道這家店後來會變成現在這樣，但是在我的努力說服之下，曼蒂終於接受我的提議。她完全不曉得，自己的名字後來會出現在整個蒙特婁的多家店面上！今天，她還是會問我想不想把店名改成「瑞貝卡沙拉」或是結合我們兩個的名字。但曼蒂這個名字感覺才是對的，我們永遠都會用這個名字。

姊妹倆 | 名字確立下來之後，我們製作了「曼蒂沙拉」的第一款LOGO貼紙，設計者是創立「牛哞哞叫」（Cow Goes Moo）的超棒平面設計師莎拉‧拉札（Sarah Lazar），我們至今仍持續合作。我們會在賣出的每一份沙拉外帶盒上貼上貼紙。顧客會帶著曼蒂沙拉在維多利亞村走來走去，這象徵了我們品牌的誕生。

現在將時間快轉到二〇二〇年，我們在大蒙特婁地區已開了八家分店。當然，「蜜蜜與可可」後面還是有我們的店面，但是我們也有開在更大型的建築物裡——像是歷史悠久的蒙特婁論壇購物中心（Montreal Forum）的分店或者獨立店面（例如我們位於舊港區的旗艦店）。此外，我們的員工人數更從兩人成長到四百人！有一件事總是令我們驚嘆，那就是支持我們的不只親朋好友，還有真正的蒙特婁人——無論是各行各業的年輕人或數個世代的家庭——以及來這座城市遊覽的旅人。他們都會來店裡吃我們的食物。

對此，我們的感恩與敬意永遠不會止息。回首過去十五年，同時盼望未來更多更多的十五年，是一種很美妙的感覺。

曼蒂＆瑞貝卡
二〇二〇年春

我們的家庭

曼蒂 | 我們小時候總愛待在廚房。最私密的對話、最好笑的時刻都發生在這個空間，而我們也會在這裡分享生活上的難關與成就。不管發生什麼事，我們家四個小孩絕對會回家跟爸媽（茱蒂和傑森）吃晚餐；每個星期三，我們的外婆也會來家裡吃飯。我們會開一瓶英國雪莉酒，做一道奶奶的經典傳統食譜，像是牧羊人派或「奇想」雞肉，當然還有美味的甜點。然後，週末的時候，我們會一起前往北方的小木屋，星期五下午一放學，就直接坐著內部以木板鑲嵌的休旅車Jeep Grand Wagoneer過去。

我們四個小孩年齡差距十歲：年紀最大的潔西比年紀最小的喬許大十歲，我和瑞貝卡則居中。我們兩人的感情特別好，可能是因為我跟瑞貝卡都排行中間，或因為隨著年紀增長，我們差異極大的性格反而互相吸引。如果你十歲，而妹妹只有五歲（或者你十五歲，她十歲），會覺得差很多！但是在我二十出頭、她快二十歲的時候，我們的關係變得很緊密，兩人非常親近、從不吵架。到今天仍是如此。瑞貝卡是充滿熱情、溫暖、樂觀、想像力豐富的派對女孩，做每件事都要求完美，而我則比較沉穩安靜，喜歡觀察勝於參與對話。但是可別被我安靜的外表所騙，我可是一直在思考！

「曼蒂沙拉」的核心向來都是家庭。還記得小時候擺攤賣檸檬水的事情嗎？家裡每一個人都有分配到任務。我們一開始就是這樣，就連弟弟喬許也曾經在店門口發放試喝奶昔。

把時間快轉到今天，家庭和食物仍是我們生活的重心。我們總共育有七名子女，每當我們星期天聚在一起吃晚餐，那些愛的感受和溫暖的回憶（無論是耳熟能詳的陳年兒時回憶，或跟我們自己的孩子一同創造的有趣新鮮回憶）依然令我動容。看著我們的孩子玩在一起、在餐廳裡互相追逐，看著他們在我們兒時跟媽媽一起做菜的同一間廚房——位於北方的洛朗山脈（Laurentian mountains），幫忙做菜，總是讓我感動萬分。這些都時不時提醒我，家庭是個多麼美好的賜禮。

媽咪和爹地
在我們小時候的家。

我們姊妹倆，
攝於 1984 年。

我們一家人在
佛羅里達州的
比斯坎灣度假。
（媽媽是攝影師！）

曼蒂的沙拉

「曼蒂沙拉」和其他沙拉品牌有什麼不同？

不同點很多，但我們最主要的特色在於：比例以及高品質的食材，再加上非常貼心的員工和店裡的氛圍（後面會提到更多）。我們基本上是一間沙拉實驗室，每週都會召開創新研發會議，嘗試當季食材的口味組合，同時重新試吃目前菜單上的品項。我們總是在思考比例，無論是淋醬，或是沙拉整體的平衡（例如：不可以濕濕爛爛的）。

沙拉的比例很容易就會被搞砸（太濕、太酸、太苦），所以我們花了很多時間調整。我們的準則是——口感方面，我們會確保沙拉吃起來有同樣的綿密（我們幾乎所有沙拉都有使用酪梨，或是選用美味柔軟的乳酪）、清脆（口袋餅、墨西哥玉米片、烤過的堅果和種子，或是清脆的蔬菜）、酸度（淋醬裡使用檸檬或萊姆等柑橘類，或沙拉裡放入較有刺激性的水果，如石榴、西洋梨、蘋果、蔓越莓）以及永遠不可或缺的——油脂（橄欖油、美乃滋、蛋、乳酪、堅果，當然還有酪梨）。

我們有不少口味組合是受到全球各地的料理所啟發，但是只要有辦法，我們都會使用在地有機的食材（少有例外）。我們每個月會推出一道特殊的「每月沙拉」，採用當季食材。例如，在加拿大的冬季，我們比較少用番茄和莓果，但是會使用很多西洋梨、蘋果、南瓜、羽衣甘藍，當然還有根莖類蔬菜，像是地瓜、甜菜、瓜類、大蔥、蒜頭和茴香。我們也會特別想吃穀物碗（第173頁）、法羅*和各式各樣的種子，幫助我們度過零下三十度的冬天！

魁北克的夏天物產豐饒，年年提醒我們自己能住在這裡有多幸運。新鮮的藍莓、瓜果、玉米、豌豆、番茄和桃子都會出現在我們的沙拉之中。此外，因為這裡位於聖羅倫斯河的河畔，春天時也有各式各樣的螃蟹、蚌類、蝦子、龍蝦等美味海鮮可以享用。

---

* 譯註：法羅 (farro) 通常指的是斯佩耳特小麥、一粒小麥或二粒小麥等三種小麥製成的穀物，口感、風味特殊，近年來被視為超級健康食物，蔚為風潮

沙拉必備器具

製作我們最愛的
香草淋醬
所需的小型果汁機。

沙拉脫水器。

乾淨的砧板。

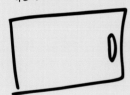

一把好刀。

混拌沙拉的大碗：

我們建議選擇不鏽鋼碗，
這樣就算攪來攪去
也不會傷到或弄髒容器，
而且不會留下之前的
醬汁或沙拉食材的味道。

醬料瓶。

好用的夾子。

在家製作曼蒂沙拉

很多朋友和客人（其中有些人也很會做菜）跟我們說，他們覺得在家做沙拉很麻煩，要切很多食材、甩乾生菜水分，又記不住任何好吃的淋醬食譜。因此，我們希望透過這本書分享我們的食譜，讓你展開絕不會出錯的沙拉之旅！請相信我們，我們的食譜所用的食材都非常容易取得，準備清單和製作步驟也一點都不困難。

本書食譜的排序依據，大致上是依照餐廳菜單上各個品項的研發順序。你不必非得從哪一道開始做起，所以就隨心所欲、好好享受吧！要好好利用這些食譜，我們建議你先按照食譜所寫的方式製作每一道沙拉，搭配我們建議的淋醬（第13頁）和配料。試了幾道、感覺得心應手之後，接著就可以使用任何一種你喜歡的淋醬或配料進行混搭。素食或純素的讀者也沒問題，你可以根據自己的需求自由替換食材。發揮創意、客製自己的沙拉！

除非另外註明，否則每道沙拉食譜都是一人份，但是想增加份量做給更多人吃也很容易。自己做沙拉講究的是安排與習慣。只要事前計畫，一週花一小時，就能為接下來一個星期的午餐準備好三份沙拉淋醬（第13頁）和足夠的食材，而且每天都能吃到不同口味！一週午餐就這樣解決了，輕鬆又美味。

這就是本書的宗旨：輕鬆又美味。

淋醬注意事項

我們的沙拉淋醬可分成兩類：使用新鮮香草的淋醬以及不含新鮮香草的淋醬。前者可做出一杯的量，最佳賞味期為冷藏三天；後者可做出兩杯的量，冷藏最多可保存七天。會這樣設定，是希望那些能做出兩杯的淋醬可以夠五～六份沙拉使用，也就是一週午餐的量。在我們的店裡，都會為外帶沙拉提供 ⅓ 杯（80ml）的淋醬，但是要使用多少淋醬全憑個人喜好。

測量注意事項

我們都知道，要「吃得好」（同時兼顧健康和美味）就要吃真正的食物，並要吃很多蔬菜，像是生菜。在研發、測試本書的食譜時，我們很快就發覺，我們不想秤量沙拉和穀物碗使用的萵苣、小番茄或紅蘿蔔等。這樣感覺太像減肥食譜了，而這不是我們的真諦。完全不是。我們想要呈現的是健康、好玩、富足，還有最棒的——充滿各種味道的食材。

因此，我們絕大部分是以量杯或量匙進行測量，比秤重要隨興一點。話雖如此，我們還是很重視美味的關鍵——比例——所以覺得有必要，或者會讓你製作起來比較容易時，仍會使用重量。這包括甜點的部分，因為烘焙完全是另一回事！

食材注意事項

前面已經提過，只要可以，我們都會使用在地有機的食材，而我們也建議你這麼做。另外，除非特別註明，否則請假定：

◦ 雞蛋指的都是大顆且新鮮放牧的。
◦ 香草都是新鮮的——別忘了，香菜和巴西利（parsley）的梗味道也很豐富，不要丟掉！
◦ 橄欖油指的都是特級初榨的。
◦ 薑都是新鮮的。

巧克力豆餅乾

下班前，我們有時會
為小孩留一些餅乾，
但是餅乾不知怎地常常在
到家之前就消失了！

曼蒂 | 一切都從巧克力豆餅乾開始。我還記得高中放學後，我會烤這些餅乾，然後把
成品一一擺在我們家的尊爵牌（JennAir）瓦斯爐檯面上放涼，以便我們隨時
可以大啖餅乾。烤一盤夠我分給三個朋友吃，或放在兩公升的牛奶包裝袋裡讓
我、我弟和我爸一起享用。此外，在聖誕假期，我會跟媽媽、奶奶一起做酥
餅；然後，我又開始試做淋有鹽味焦糖醬的無麵粉巧克力蛋糕，連續好幾個月
參加晚餐派對時都會帶去。接著，時間快轉到二○二○年，我們的分店每年總
共賣出十萬個左右的巧克力豆餅乾，是賣得最好的原創小點！

非沙拉食譜的注意事項

我們雖然一直都很清楚自己的目標是要成為沙拉專家，但我們也會傾聽回饋，盡可能迎合越多饕客越好。所以，在我們的菜單和本書中，也收錄了很多好玩的品項。

奶昔從一開始就出現在菜單上，因為對我們來說，展開新的一天最好的方式，就是打一杯充滿新鮮莓果、植物奶、菠菜、帶點嗆勁的薑或新鮮薄荷及羅勒的飲品。我們保留了最暢銷的品項（熱帶、日昇照耀），也推出一些更加健康的選擇。在二〇〇四年，我們的弟弟喬許曾站在街上，憑著自己的帥氣外表和迷人笑容，發送擺在 Ikea 小托盤上的奶昔試飲杯，努力招引客人進入餐廳。

穀物碗是沙拉的替代選項，「基底」使用的不是生菜，而是穀物，例如糙米、藜麥或米線，然後再放上或拌入常見的那些沙拉配料。穀物碗很適合冬天吃，因為可以在加熱之後，再淋上我們自製的淋醬。

當然，我們也賣點心，因為這是一切的開端（第14頁）！點心章節裡收錄的食譜很多是曼蒂會在家做的甜點，現在被我們拿來研發販售，總令人聯想到老派的烘焙食品募款攤位。雖然我們未來不見得會開一家「曼蒂烘焙坊」，但是，請注意：這些點心常常很快售罄！

備註：在奶昔的章節裡，我們使用的是「植物奶」，由黃豆、杏仁、燕麥、米、大麻籽、腰果、椰子等製成，你可以自行選擇喜歡的種類。

曼蒂沙拉的裝潢

瑞貝卡 | 我覺得，用美美的碗和鍍金的叉子吃沙拉有種奢華感。沒錯，餐廳的食物都很簡樸，但是我們努力讓用餐環境變得很有格調，把吃沙拉這件事變得更……夢幻。來到「曼蒂沙拉」，我們提供的不只有沙拉，還有全面的感官體驗。我們會將自己最喜愛的東西帶進餐廳，不管是新的相簿、食譜或裝飾，希望讓客人感覺自己好像受邀來到我們的家。我們並不崇尚極簡主義！在風格——以及沙拉——方面，「曼蒂沙拉」都強調「多即是多」的概念。

無論分店在什麼地點，我們想要創造的樣子和氛圍都出自同樣的原則。姑且稱之為「瑞貝卡定律」吧。在打造一個溫暖好客的新空間時，有幾個元素是我一定會融入設計當中的：

掛滿家庭相片
的牆面。

新舊混合。

為空間創造
光線和深度的
大片復古鏡面。

以最近旅行過
的地方為靈感，例如：
上次的巴哈馬之旅
便啟發我們使用
新的棕櫚裝飾。

鮮豔繽紛的
藝術作品。

壁燈或可調暗的
垂吊燈等燈具。

充滿活力、
溫暖的色調。

大量的鮮花和綠意。

大理石、
大理石、
大理石！

風格混搭，
多即是多！

原本在蒙特婁
的店面

ici

ter

-out

Le « Bún » Bol
nouilles de riz, basilic, coriandre, oignons verts, carottes râpées, poivron rouge, chou rouge, chips de noix de coco au miel, graines de sésame
* Vinaigrette tamari & miso gingembre *

The "Bún" Bowl
rice noodles, basil, cilantro, green onions, shredded carrots, purple cabbage, honey coconut chips, toasted sesame seeds, red peppers 9.99$
* Tamari & Miso Ginger Dressing *

MANDY'S

MAROU

BONBONS 8¢

BONBONS 8¢

灑上奇亞籽和大麻籽仁
的芒果魔力奶昔
（第37頁）

Smoothies
早晨來杯新鮮奶昔

∘ CHAPTER ONE ∘

AMAZON
亞馬遜
475ml奶昔1杯

花生醬和巧克力是我們最喜歡的口味組合之一
（Reese's巧克力杯是我們的致命弱點），不過在這份食譜中，
我們用了稍微健康一點點（但不會過分健康）的食材，
包括杏仁醬、植物奶、香蕉，當然還有……Nutella巧克力榛果醬！

食材

- ½ 根香蕉，掰成 3-4 塊
- ¾ 杯冰的植物奶
- 3 大匙 Nutella
- 2 大匙杏仁醬
- 1 小匙香草精
- ½ 杯冰塊

做法

- 把香蕉、植物奶、Nutella、杏仁醬、香草精和冰塊放入果汁機中。
- 使用瞬間加速攪打 5-8 秒，接著轉中速攪打 20-30 秒，打到奶昔變得滑順。
- 倒入奶昔杯，立即飲用。

TROPICAL
熱帶
475ml奶昔1杯

鳳梨、芒果加椰子，太棒了，請來一杯！
蒙特婁本地雖然沒有這些食材（也沒有我們餐廳壁紙上描繪的棕櫚樹），
但是在七月底的氣溫達到攝氏四十度時，
炎熱和潮濕的天氣，也讓這裡的人感覺彷彿身處熱帶！

食材

∘ ½ 根香蕉，掰成 3-4 塊
∘ 5-6 塊新鮮鳳梨
∘ ¼ 杯冷凍芒果塊
∘ ¼ 杯冷凍草莓
∘ ½ 杯柳橙汁
∘ ½ 杯椰子水
∘ ½ 杯冰塊

做法

∘ 把所有的水果、柳橙汁、椰子水和冰塊放入果汁機中。
∘ 使用瞬間加速攪打 5-8 秒，接著轉中速攪打 20-30 秒，打到奶昔變得滑順。
∘ 倒入奶昔杯，立即飲用。

MONTREAL (MTL) PIÑA COLADA

蒙特婁
鳳梨可樂達

475ml奶昔1杯

瑞貝卡 | *新鮮鳳梨是我最喜歡的裝飾品之一,而且要越新鮮越好。但熟度完美的鳳梨開始漸漸過熟時,該拿這些甜美多汁的鳳梨怎麼辦? 我們有一個減少浪費的美味解決方案⋯⋯那就是蒙特婁鳳梨可樂達!*

食材

○ ½ 根香蕉,掰成 3-4 塊
○ 1 杯冰椰奶
○ 5-6 塊新鮮鳳梨
○ 2 大匙椰子絲
○ 4 片薄荷,撕碎
○ ½ 杯冰塊

做法

○ 把香蕉、椰奶、鳳梨、椰子絲、薄荷和冰塊放入果汁機中。
○ 使用瞬間加速攪打 5-8 秒,接著轉中速攪打 20-30 秒,打到奶昔變得滑順。
○ 倒入奶昔杯,立即飲用。

RISE AND SHINE

日昇照耀

475ml奶昔1杯

最適合在夏天晨跑後飲用的奶昔。

食材

- ½ 根香蕉，掰成 3-4 塊
- 2 大匙杏仁醬
- ½ 杯冷凍藍莓
- 1 小匙亞麻籽
- ¾ 杯冰的植物奶
- ½ 杯冰塊

做法

- 把香蕉、杏仁醬、冷凍藍莓、亞麻籽、植物奶和冰塊放入果汁機中。
- 使用瞬間加速攪打 5-8 秒，接著轉中速攪打 20-30 秒，打到奶昔變得滑順。
- 倒入奶昔杯，立即飲用。

THE SHAKTI
沙克蒂

475ml奶昔1杯

二〇一五年在彎月街（Crescent Street）新開一家分店時，
我們僱用了親愛的餐廳經理艾德。
他很擅長料理純素生食，常常做各種能量滿滿的飲品給我們喝。
他也非常注重性靈，告訴我們印度教的「沙克蒂」（Shakti）的意思是：
「神聖能量的女性原則」。
每當我們疲累、懷有身孕、在哺乳期間，或缺乏任何一種能量，
他就會把這些食材混合在一起，打成奶昔給我們享用，
而我們總是懷抱感恩的心，喝得一滴不剩。
這杯奶昔是純粹的生命力，顏色鮮綠，光用看的就讓人覺得活力再現。

食材

- ½ 根香蕉，掰成 3-4 塊
- 1 大匙楓糖漿
- 5-6 塊新鮮鳳梨
- 2 片薄荷，撕碎
- ½ 顆酪梨
- 1 小匙新鮮現磨的薑泥或切成細末的薑末
- 1 杯切絲的捲葉羽衣甘藍
- 1 杯嫩葉菠菜
- 1 又 ¼ 杯蘋果汁

做法

- 把香蕉、楓糖漿、冰鳳梨、薄荷、酪梨、薑、羽衣甘藍、菠菜和蘋果汁放入果汁機中。
- 使用瞬間加速攪打 5-8 秒，接著轉中速攪打 20-30 秒，打到奶昔變得滑順。
- 倒入奶昔杯，立即飲用。

備註：製作這份食譜時，鳳梨、薑和薄荷至少要先冷藏1小時。

PRETTY IN PINK
紅粉佳人

475ml奶昔1杯

有什麼比喝一杯名叫「紅粉佳人」的奶昔
更能頌揚千禧世代最愛的顏色?
這杯奶昔裡面有莓果、萊姆、綿密的杏仁奶,
還有我們的最愛——新鮮羅勒。

食材

- 1 根香蕉,掰成大塊
- ½ 杯冷凍草莓
- ½ 杯冰的杏仁奶或其他植物奶
- ½ 杯蘋果汁
- 1 小匙萊姆汁
- 3 片羅勒

做法

- 把香蕉、草莓、杏仁奶、蘋果汁、萊姆汁和羅勒放入果汁機中。
- 使用瞬間加速攪打 5-8 秒,接著轉中速攪打 20-30 秒,打到奶昔變得滑順。
- 倒入奶昔杯,立即飲用。

DATE ME
跟我
約會吧

475ml奶昔1杯

通常，某個菜單品項的名稱是從我們私下講的笑話發展出來，
但有一些因為實在是太逗趣或太俗濫了，所以最後還真的留了下來。
這款奶昔結合了帝王椰棗*、濃縮咖啡、堅果醬和可可粉，
非常適合早上（或是參考第41頁的「防彈咖啡」）
或午餐後昏昏欲睡時飲用。

食材

∘ ¼ 杯濃縮咖啡
∘ 2-3 大顆帝王椰棗，去籽
∘ 1 根香蕉，掰成大塊
∘ 3 大匙杏仁醬
∘ ¾ 杯冰植物奶
∘ 1 小匙可可粉
∘ 1 大匙大麻籽

做法

∘ 若有需要，可將椰棗放入一小碗，倒入
濃縮咖啡使其軟化，接著再連同香蕉、
杏仁醬、植物奶、可可粉和大麻籽一
起放入果汁機中。

∘ 使用瞬間加速攪打 5-8 秒，接著轉中
速攪打 20-30 秒，打到奶昔變得滑順。

∘ 倒入奶昔杯，立即飲用。

---

* 譯註：英文的「約會」和「椰棗」是同一個字「date」，因此這款奶昔才會如此命名。

MANGO MAGIC
芒果魔力

475ml奶昔1杯

你想不想把超級食物變得可口、冰涼又可以飲用？我們也想！
這款如絲綢般滑順的橘色奶昔使用提升免疫力的薑黃、
富含電解質的椰子、舒緩腸胃的酸性果汁、幫助循環的新鮮薑泥，
還有充滿維他命C且美味多汁的芒果。

食材

- 1杯冷凍芒果塊
- 1小匙新鮮現磨的薑泥
  或切成細末的薑末
- ½ 小匙薑黃粉
- ½ 杯冰椰奶
- 1杯蘋果汁
- 1小匙萊姆汁

做法

- 把芒果、薑、薑黃、椰奶、蘋果
  汁和萊姆汁放入果汁機中。
- 使用瞬間加速攪打 5-8 秒，接著
  轉中速攪打 20-30 秒，打到奶昔
  變得滑順。
- 倒入奶昔杯，立即飲用。

BERRY AÇAi

巴西莓

475ml奶昔1杯

巴西莓是一種神奇的超級水果，能夠帶來許多益處，
包括提高抗氧化程度以清除會傷害身體的自由基、
增強體力、支持免疫系統、促進腸胃健康。

食材

- 1 根香蕉，掰成大塊
- ½ 杯冷凍芒果塊
- ½ 杯冷凍草莓
- ½ 杯冷凍藍莓
- ¼ 杯巴西莓
- 1 大匙杏仁醬
- ¾ 杯冰的植物奶

做法

- 把香蕉、芒果、草莓、藍莓、巴西莓、杏仁醬和植物奶放入果汁機中。
- 使用瞬間加速攪打 5-8 秒，接著轉中速攪打 20-30 秒，打到奶昔變得滑順。
- 倒入奶昔杯，立即飲用。

BULLETPROOF COFFEE
防彈咖啡
475ml奶昔1杯

加拿大防彈飲食的始祖戴夫·阿斯普雷（Dave Asprey）
在西藏爬山時需要增加體力，
因此想出了將奶油、中鏈三酸甘油脂和咖啡結合起來的飲料。
脂肪可以維持更久的飽足感，不像甜食讓你血糖飆高，然後又驟降。
綜合格鬥選手、廚師、營養學家以及整合醫學的權威都曾經嘗試、驗證過這種組合，
證實它確實能讓人感到「思路靈活、擺脫昏沉」。

食材

- 2 又 ½ 大匙（尖匙）新鮮現磨的自選咖啡豆
- 1 大匙腦辛烷值油或你偏好的中鏈三酸甘油脂油品牌
- 1-2 大匙放牧飼養的牛製成的無鹽（很重要）奶油或 1-2 小匙放牧飼養的牛製成的印度酥油，最好是有機的
- 1 小匙肉桂（可省略）
- 1 大匙麥蘆卡蜂蜜，或任何你擁有的品質最好的蜂蜜（可省略）

做法

- 用咖啡粉泡出一杯咖啡。接著再連同腦辛烷值油、奶油或印度酥油、肉桂、麥蘆卡蜂蜜一起放入果汁機中。
- 使用中速攪打 20-30 秒，打成綿密拿鐵的狀態，上面應該要有不少泡沫。
- 倒入奶昔杯，立即飲用。

備註：請一定要使用果汁機把這款奶昔打出很多泡沫，而不只是用手大力攪打，不然最後你不過是在喝上面浮一層奶油的黑咖啡罷了，很噁心！

沃爾夫沙拉（第56頁）

Salads

隨時都想來碗沙拉

∘ CHAPTER TWO ∘

Shanghai Salad
上海沙拉

。 1人份 。

我們覺得，第一本書應該把最受歡迎的沙拉放在第一道才對，那就是上海沙拉。
在二○○○年代初期，家族的年度聚會固定在每年夏天進行，
我們會一起去家族位於魁北克洛朗山脈一座湖邊的山中小屋相聚。
其中一個媽媽珊蒂·馬茲（Sandy Martz）
會帶一種用烤過的拉麵和甜芝麻淋醬做成的沙拉，我們永遠吃不膩。
因此，我們非得知道她是怎麼做的不可！
她很大方地分享食譜給我們，我們稍微調整一下，
之後這就一直都是我們賣得最好的沙拉之一！

食材

。 2 杯切好的蘿蔓生菜
。 2 杯綜合嫩葉生菜
。 ½ 顆酪梨，切丁
。 ¼ 杯瀝乾水分的罐頭橘瓣
。 ¼ 杯切對半的小番茄
。 ¼ 杯紅蘿蔔絲
。 ½ 杯酥脆拉麵（第 150 頁）
。 2 大匙黑白芝麻粒
。 ⅓ 杯甜芝麻淋醬（第 156 頁）

做法

。 在一個不鏽鋼大盆裡放入所有食材，淋上醬汁，使用夾子翻攪均勻後即可享用。

備註：想要增加蛋白質攝取時，我們建議可以添加素雞肉（第142頁）。

Mexi Salad

美墨沙拉

。1人份。

在二〇〇四年第一家沙拉餐廳正式開幕之前，曼蒂在多倫多教英文。
她有很多墨西哥和中南美洲的學生。
每當要參加那種人人貢獻菜餚的晚餐派對時，就會跟這些學生一起做菜帶過去。
帶煙燻風味的孜然、萊姆汁、嗆勁的香菜，在每週準備的菜餚當中便因此占了很重的份量。
所以「曼蒂沙拉」開張時，最早供應的其中一種沙拉就是這道味道圓潤的美墨沙拉
（風格比較偏加州南部，而非墨西哥北部），搭配玉米、黑豆、墨西哥玉米片和番茄丁。

食材

- 2 杯切好的蘿蔓生菜
- 2 杯綜合嫩葉生菜
- ½ 顆酪梨，切丁
- ¼ 杯切對半的小番茄
- ¼ 杯紅蘿蔔絲（我們知道這不太符合墨西哥風，但是它們看起來很漂亮）或橘色甜椒丁
- ¼ 杯瀝乾水分並沖洗過的罐頭玉米粒
- ¼ 杯瀝乾水分並沖洗過的罐頭黑豆
- ½ 杯墨西哥玉米片（任何有加鹽的原味玉米片都可以）
- 2 大匙撕碎的香菜
- ⅓ 杯香菜孜然淋醬（第 162 頁）

做法

- 在一個不鏽鋼大盆裡放入所有食材，淋上醬汁，使用夾子翻攪均勻後即可享用。

La Belle Salad

貝兒沙拉

。1人份。

曼蒂 ｜ 這道融合了甜與鹹的沙拉是某年十二月的每月沙拉，
因此原被稱作「十二月沙拉」，這道沙拉非常受歡迎，
我的好友、同時也是我孩子的共同撫養人伊莎貝兒（Isabelle，我們都叫她貝兒，Belle）
在十二月每次來吃沙拉時都必點這道。
我不知道你們住在哪裡，但在蒙特婁，「十二月」一詞總給人冷颼颼的感覺，
可是「貝兒」（belle）＊卻有美麗迷人的涵義。
所以，我們想，何不以這道沙拉的頭號粉絲命名之，同時也能讓人感到振奮一點？
我們通常會推薦這道沙拉給新客人，而客人試過之後總會再回來……
你自己吃吃看就知道！

食材

- 2 杯切好的蘿蔓生菜
- 2 杯綜合嫩葉生菜
- ½ 顆酪梨，切丁
- ¼ 杯西洋梨丁
- ¼ 杯紅蘿蔔絲
- ¼ 杯削片的帕瑪森乳酪
- ½ 杯自製口袋餅脆片（第 150 頁）
- ⅓ 杯甜芝麻淋醬（第 156 頁）

做法

- 在一個不鏽鋼大盆裡放入所有食材，淋上醬汁，使用夾子翻攪均勻後即可享用。

＊ 法文，相當於英文的 beautiful（漂亮）。

The Welcome Collective

瑞貝卡、她的女兒可可和我們的朋友湯普森。湯普森是我們在二〇一七年最早遇見的難民申請人之一。

在二〇一七年十一月，我們響應了幫助難民申請人在魁北克找到家的運動。我們那年聖誕季的目標是，替三十位難民申請家庭添置傢飾，並滿足他們的基本需求。連續幾個月的時間，我們跟丈夫、好友拋下自己的工作與家庭，全力協助他們。這次經歷對我們產生的深遠影響是很難用文字描述的，但如果真要做個總結，我會這樣說：「當你擁有的比需要的還多，請把餐桌加長，不要把圍籬加高。」

我們利用社群網站的力量，向自己的人脈尋求支援，很快就收到排山倒海而來的援助與捐款，使我們謙卑不已。我們的餐廳變成回收站，人們會到這裡捐獻二手衣物和傢飾給需要幫助的家庭。最後，我們成功協助兩百個家庭搬家、為兩百間公寓添置傢飾！我們希望延續這項計畫，因此便在二〇一九年成立Welcome Collective，也獲得了慈善機構的身分。我們現在有八名董事會成員，還有約十位善心員工負責協調基本物資的回收，以分送給那些準備離開庇護所（住進空無一物的公寓）的難民申請家庭。

此外，我們也把沙拉帶進來，讓一切形成美好的循環。現在，每賣出一份每月沙拉（全年適用），我們就會捐出一塊加幣給Welcome Collective。捐款將被用來支付搬家卡車的費用、租借捐獻物資的貯存空間等。

現在，我們遇見許多來自世界各地經歷過這些難關的美好之人，這讓我們更懂得體會、感恩自己的際遇。我們想要對諾艾樂·索巴拉（Noelle Sorbara）及在她帶領下的整個Welcome Collective團隊說聲：謝謝你們！這是我們做過最有意義的事情，你們仍持續教導我們，心是沒有界限的。

Tokyo Salad

東京沙拉

。1人份。

瑞貝卡 │ 想到日本料理，就會想到簡樸、優雅、純潔……
這份沙拉是純素的，使用了我們最暢銷的淋醬之一，充滿令人垂涎三尺的鮮味。
除了味噌柑橘滷豆腐的部分，其餘食材都是生的。
淋醬層次豐富，彷彿堅果、醬油和蒜頭在你的口腔裡迸發！
附帶一提，這是我最喜歡的沙拉之一，
我通常會加切丁的紫洋蔥來帶入脆度和嗆勁，建議你也這樣試試看。

食材

- 2 杯切好的蘿蔓生菜
- 2 杯綜合嫩葉生菜
- ¼ 杯紅蘿蔔絲
- ¼ 杯紫高麗菜絲
- ¼ 杯綠花椰的花蕊
- ¼ 杯小黃瓜丁
- ½ 杯烤滷豆腐（第 148 頁）
- 2 大匙黑白芝麻粒
- 2 大匙紫洋蔥丁（可省略）
- ⅓ 杯溜醬油淋醬（第 155 頁）

做法

- 在一個不鏽鋼大盆裡放入所有食材，淋上醬汁，使用夾子翻攪均勻後即可享用。

R&D Extraordinaire Salad

R&D 獨門沙拉

。 1人份 。

我們知道這個名字很奇怪！

我們草創時，只僱用工作勤奮的年輕女性（大部分都是我們的朋友）。

其中，有兩位十分特別：蕾根·斯坦伯格（Raegan Steinberg），

她現在和身兼廚師的丈夫艾力克斯·柯恩（Alex Cohen）

一起在蒙特婁經營「亞瑟快餐」（Arthur's Nosh Bar）；

丹妮艾爾·薩繆爾森（Danielle Samuelson），現則定居紐約，但是仍有老饕魂。

這兩位女性每天上班都會使用這些食材組合製作午餐，怎麼樣也不會膩！

這樣的組合最後實在太受歡迎，我們便說：「好了，這一定要加到菜單中！」

鹹鹹的帕瑪森乳酪削片、綿密的酪梨、酸酸甜甜的草莓、卡滋卡滋的口袋餅脆片，

再加上一些新鮮蔬菜和經典的巴薩米克淋醬，就組合成了這道美味的沙拉！

食材

- 2 杯切好的蘿蔓生菜
- 2 杯綜合嫩葉生菜
- ½ 顆酪梨，切丁
- ¼ 杯小黃瓜丁
- ¼ 杯紅蘿蔔絲
- ¼ 杯草莓切片
- ¼ 杯削片的帕瑪森乳酪
- ½ 杯自製口袋餅脆片（第 150 頁）
- ⅓ 杯經典巴薩米克淋醬（第 166 頁）

做法

- 在一個不鏽鋼大盆裡放入所有食材，淋上醬汁，使用夾子翻攪均勻後即可享用。

The Fave
嗜愛沙拉

。1人份。

我們常常會有一段時間特別鍾情於某些食物，或愛用某些食材研發沙拉，
像是把結合了甜美花蜜與芥末嗆勁的蜂蜜芥末加在所有食材裡。
我們習慣在猶太崇高節（Jewish High Holidays）期間吃牛胸肉時搭配蜂蜜芥末，
也會在火雞三明治的裸麥吐司抹上蜂蜜芥末。
但我們想吃得更健康一些，因此除了幾片現成火雞肉，
也會放入綠花椰、玉米、紅蘿蔔、酪梨和口袋餅脆片。
於是，這就搖身一變，成為我們最愛的沙拉。

食材

- 3 杯切好的蘿蔓生菜
- 1 杯芝麻菜
- ½ 顆酪梨，切丁
- ¼ 杯綠花椰的花蕊（生的）
- ¼ 杯瀝乾水分並沖洗過的罐頭玉米粒
- ¼ 杯紅蘿蔔絲
- ¼ 杯削片的帕瑪森乳酪
- ½ 杯自製口袋餅脆片（第 150 頁）
- 2 大匙生葵花籽
- ⅓ 杯蜂蜜芥末淋醬（第 170 頁）

做法

- 在一個不鏽鋼大盆裡放入所有食材，淋上醬汁，使用夾子翻攪均勻後即可享用。

Wolfe Salad

沃爾夫沙拉

◦ 1人份 ◦

曼蒂 ｜ 廚房裡有六十個左右的容器裝了洗淨、切好、醃過、
隨時準備上菜的食材是一件很棒的事，
因為我隨時都能實驗各種食材組合，隨時換換口味。
沃爾夫沙拉就是這麼來的，這是一道帶有穀物色彩（比我們的穀物碗還早出現）的沙拉，
初登場就成為我們爸媽的最愛，也很快變成員工和客人最喜歡的品項之一。
繼偉大的上海沙拉和強大的巧克力豆餅乾之後，
沃寶（我們取的小名）稱霸天下。
這道沙拉讓人吃了還想再吃、充滿飽足感，到現在仍是我們家晚餐常見的主角。

食材

- ◦ 2 杯綜合嫩葉生菜
- ◦ 1 杯芝麻菜
- ◦ 1 杯切絲的捲葉羽衣甘藍
- ◦ ¼ 杯紅蘿蔔絲
- ◦ ¼ 杯切對半的小番茄
- ◦ ½ 杯藜麥（第 201 頁）
- ◦ ¼ 杯削片的帕瑪森乳酪
- ◦ 2 大匙烤核桃碎
- ◦ 2 大匙黑白芝麻粒
- ◦ ⅓ 杯溜醬油淋醬（第 155 頁）

做法

- ◦ 在一個不鏽鋼大盆裡放入所有食材，淋上醬汁，使用夾子翻攪均勻後即可享用。

Lumberjack Salad
伐木工沙拉

。1人份。

這是一道釋放你內在粗獷靈魂的沙拉。

我們一開始在「蜜蜜與可可」成立第一間店時，

女性顧客在這樣的環境中很顯然如魚得水——

既可以試穿義大利設計師的衛生衣，又可以買沙拉。

相較之下，陪她們來的那些男性只能尷尬地站在一邊等待。

因此，我們發明了一道完全不需要哄騙或解釋，就能擄獲男性的沙拉。

我們想出最能迎合「飢餓肉食男」的食材

（堆成小山的培根、火雞、雞肉、乳酪、口袋餅等），

有一段時間甚至把這道沙拉取名為「男人沙拉」，後來才改成現在的名稱。

這道沙拉適合非常飢餓的人（不附贈伐木工的彩格呢法蘭絨）。

食材

- 4 杯切好的蘿蔓生菜
- ½ 顆酪梨，切丁
- ¼ 杯切對半的小番茄
- ¼ 杯切片的洋菇菌蓋部分
- ¼ 杯烤雞胸（第 149 頁）
- 2 片培根，切片煎到焦脆
- ¼ 杯切塊的火雞片
- ¼ 杯刨絲的莫札瑞拉乳酪
- ¼ 杯蔥花（蔥綠部分）
- ½ 杯自製口袋餅脆片（第 150 頁）
- ⅓ 杯凱撒淋醬（第 156 頁）

做法

- 在一個不鏽鋼大盆裡放入所有食材，淋上醬汁，使用夾子翻攪均勻後即可享用。

地中海鮭魚沙拉

Mediterranean Salmon

。 1人份 。

曼蒂 │ 曾經有一段時間，我們的菜單品項有非常明顯的芝麻／味噌／溜醬油傾向，
於是我們決定把焦點從我酷愛的東南亞轉移到更多元的風味。
因此，才有了這道口味偏地中海的鮭魚——
使用鹽漬的酸豆、酸酸的檸檬、黏牙的濃縮日曬番茄乾，
以及大量的蒔蘿、蒜頭和洋蔥進行醃漬塗抹。
我覺得我最喜歡的烤堅果應該是美美的松子（特別是用在沙拉上），
而有什麼東西比新鮮的羅勒、鹹鹹的菲塔乳酪丁、
綿密的酪梨和完美煎烤的鮭魚塊更能配得上這些味道？

食材

- 2 杯嫩葉菠菜
- 1 杯綜合嫩葉生菜
- 1 杯切絲的捲葉羽衣甘藍
- ½ 顆酪梨，切丁
- 2 大匙蔥花（蔥綠部分）
- ¼ 杯紅椒丁
- ¼ 杯菲塔乳酪丁
- 2 大匙烤松子
- 1 大匙撕碎的羅勒
- 1 大匙撕碎的薄荷
- 1 大匙蒔蘿
- 110 克地中海烤鮭魚（第 144 頁），去皮
- ⅓ 杯狂野女神淋醬（第 158 頁）

做法

- 在一個不鏽鋼大盆裡放入鮭魚以外的所有食材，淋上醬汁，使用夾子翻攪均勻。
- 將食材移至食用碗中，擺上掰成大塊的鮭魚後即可享用。

蒙特婁論壇分店

Habibi Salad

哈比比沙拉

。1人份。

曼蒂 │ 中東料理是我們最喜愛的料理之一，尤其是黎巴嫩料理，
因為我的丈夫麥克・宰丹（Mike Zaidan）就是在貝魯特（Beirut）出生。
哈比比（habibi，意為「我的愛」）是我最早學會的阿拉伯語單詞之一，
用來稱呼我們所愛的任何人都很適合，所以何不讓一道沙拉也擁有這樣的愛呢？
這道沙拉充滿鹹香的菲塔乳酪、番茄、小黃瓜、新鮮的薄荷和巴西利，
鷹嘴豆和扁豆等豆類以及健康明亮薑黃的中東芝麻檸檬醬汁。
好好享用，各位親愛的哈比比！

食材

- 2 杯切好的蘿蔓生菜
- 2 杯綜合嫩葉生菜
- ½ 杯藜麥（第 201 頁）
- ¼ 杯瀝乾水分並沖洗過的罐頭鷹嘴豆
- ¼ 杯瀝乾水分並沖洗過的罐頭扁豆
- ¼ 杯小黃瓜丁
- ¼ 杯切對半的小番茄
- ⅛ 顆紫洋蔥，切成如紙般的薄片
- ¼ 杯菲塔乳酪丁
- ¼ 杯烤地瓜（第 146 頁）
- 2 大匙撕碎的薄荷
- 2 大匙平葉巴西利末
- ⅓ 杯薑黃中東芝麻淋醬（第 157 頁）

做法

- 在一個不鏽鋼大盆裡放入所有食材，淋上醬汁，使用夾子翻攪均勻後即可享用。

曼蒂和她的哈比比，
攝於義大利。

Endless Summer Salad

永恆夏日沙拉

。1人份。

彎月街分店開幕的那個夏天（二〇一五年），我們正在研發七月的每月特製沙拉。

那個月美好極了，我們非常忙碌——

在蒙特婁，陽光普照的夏季是珍貴又充滿歡樂的時節，

戶外座位總是滿座，大家都出來曬太陽。

這道沙拉從推出的第一天起就大受歡迎，

因此就像其他大獲好評的每月沙拉一樣，我們也把它繼續保留下來。

不過，我們給它取了另一個名字，

留住唯有蒙特婁的夏天能喚起的那種特別感受……

食材

- 2 杯切好的蘿蔓生菜
- 1 杯綜合嫩葉生菜
- 1 ½ 杯切絲的捲葉羽衣甘藍
- ½ 顆酪梨，切丁
- ½ 杯烤醃製天貝（第 143 頁）
- ¼ 杯紅蘿蔔絲
- ¼ 杯紅椒丁
- ¼ 杯石榴
- ½ 顆香檳芒果，切丁（可省略）
- 2 大匙紅蔥酥（第 151 頁）
- 2 大匙南瓜籽

- 2 大匙羅勒
- 2 大匙撕碎的香菜
- ⅓ 杯永恆夏日淋醬（第 166 頁）

做法

- 在一個不鏽鋼大盆裡放入所有食材，淋上醬汁，使用夾子翻攪均勻後即可享用。

Superfood Salad
超級食物沙拉

。1人份。

每年一月，懷著對於嶄新一年的各種美好意念，
我們會研發一道每月沙拉，希望能幫助大家實現好好照顧自己、吃得健康的願望。
這道沙拉集結了聲稱可以延年益壽、促進免疫、替肝臟排毒、使皮膚緊緻、
逆轉老化過程（好吧，這一點或許做不到，但是誰也說不準）的熱門超級食物，
看起來很漂亮，而且符合清脆、酸勁、又鹹又甜及色彩繽紛等要求。

食材

- 2 杯嫩葉菠菜
- 1 杯切絲的捲葉羽衣甘藍
- 1 杯芝麻菜
- ½ 顆酪梨，切丁
- ½ 杯藜麥（第 201 頁）
- ¼ 杯蘋果丁
- ¼ 杯切對半的小番茄
- ¼ 杯綠花椰的花蕊（生的）
- ¼ 杯烤地瓜（第 146 頁）
- 2 大匙石榴
- 2 大匙撕碎的薄荷
- 2 大匙平葉巴西利末
- ⅓ 杯曼蒂沙拉廚房淋醬（第 155 頁）

做法

- 在一個不鏽鋼大盆裡放入所有食材，淋上醬汁，使用夾子翻攪均勻後即可享用。

Lobster Salad
龍蝦沙拉

。1人份。

自從我們出生以來，爸媽每年夏末都會在開學前開車載全家人南下，
前往位於緬因州海岸的肯納邦克波特（Kennebunkport）度假。
整整一個星期——是我們唯一可以吃到龍蝦的機會，
我們也因此深深愛上、學會欣賞、盼望吃到緬因州的龍蝦。
這真的是全世界最美味、最鮮甜又帶鹹味的甲殼類了，
還會令我們回想起跟另外兩個手足（潔西和喬許）
以及已逝父親傑森一起度過的點點滴滴。
我們只在六月到九月龍蝦的盛產期推出這道沙拉，
以創造我們小時候等待享受夏季龍蝦之愛的那種期盼感。

食材

- 110g 熟龍蝦肉
- 2 大匙融化的無鹽奶油
- 1 瓣蒜頭，壓碎
- 2 杯切好的蘿蔓生菜
- 2 杯綜合嫩葉生菜
- ½ 顆酪梨，切丁
- ¼ 杯小黃瓜片
- 2 大匙蔥花（蔥綠部分）
- 2 大匙切細絲的紫高麗菜
- 2 大匙（解凍沖洗過的）
  冷凍毛豆仁（可省略）

- 2 大匙紅蔥酥（第 151 頁）
- 2 大匙黑白芝麻粒
- ⅓ 杯甜味噌薑味淋醬（第 160 頁）

做法

- 用手把龍蝦肉掰成適口大小，放入一個不鏽鋼大盆裡，以融化的奶油和蒜頭拌勻。
- 之後放入其餘食材，淋上醬汁，使用夾子翻攪均勻後即可享用。

Fancy Pants Niçoise Salad

升級版尼斯沙拉

。1或4人份。

我們究竟有多少次受邀共進一頓高檔的早午餐或高級的午餐，
送上來的卻是一塊鹹派和佐餐沙拉，搭配難吃的鮭魚呢？
「曼蒂沙拉」要解決這個問題！
我們喜歡由水煮蛋、馬鈴薯、烤鮭魚、嗆勁酸豆、日曬番茄乾，
以及燙得恰到好處的四季豆組合而成的混合沙拉，
這也是午餐或早午餐的完美選擇。

食材

- 2 大匙橄欖油
- ¼ 杯瀝乾水分的酸豆，用紙巾拍乾
- 4 顆小馬鈴薯
- 2 杯去頭尾的細瘦四季豆
- 4 大顆蛋，室溫
- 450g 有機鮭魚片（我們用的是大西洋鮭），保留魚皮
- 細海鹽和新鮮現磨的黑胡椒粒
- 4 杯九芽生菜或羊齒生菜
- ¼ 杯尼斯橄欖，去籽
- ¼ 杯油漬日曬番茄乾，瀝乾水分，切薄片
- 1 大匙新鮮切末的蒔蘿
- ¼ 杯普羅旺斯油醋淋醬（第160頁）

做法

- 在一個小湯鍋裡以中大火加熱橄欖油。放入酸豆烹煮，偶爾晃動鍋子，直到酸豆爆開變得焦脆，約5分鐘。將酸豆放在紙巾上吸油瀝乾。油放涼，留待之後塗抹鮭魚。

- 將馬鈴薯放進小湯鍋中，倒入清水，水位高於馬鈴薯2.5公分。加入大量鹽巴，開火煮滾，直到叉子可插入馬鈴薯，約15-20分鐘。馬鈴薯瀝乾，放在盤子上靜置放涼。

- 在同樣這個裝了鹽水的湯鍋裡煮四季豆，直到豆子變得脆軟（鹽巴不僅有調味的作用，也可保留蔬菜漂亮的顏色），約2分鐘。用漏勺撈起四季豆，放入冰水中冰鎮約2分鐘。放在紙巾上拍乾。

- 把蛋放進湯鍋裡，開火煮滾。湯鍋移開火源，蓋上蓋子靜置8-10分鐘，再將蛋放入冰水中冰鎮約5分鐘。剝除蛋殼，靜置一旁。

- 烤箱預熱220℃。

○ 把鮭魚放在鋪有烘焙紙的烤盤上，用先前留下的酸豆橄欖油塗抹，以鹽巴、胡椒充分調味。烘烤至半生熟程度（中心仍呈些微透明），約12-15分鐘。如果你喜歡表面金黃的鮭魚，可在最後3分鐘將烤箱轉到炙烤功能。烤到你喜歡的狀態後，取出靜置放涼。

備註：這道沙拉最適合為多人準備，因為你會需要處理不同的食材，不如一次處理一大批。畢竟，你會想要只煮一顆馬鈴薯嗎？不會。一次只煮一顆蛋？或是為了100g的鮭魚開啟烤箱？一樣的道理。

這道沙拉可以給4個人吃（但我們也提供1人食用的盛盤方式）。另外，這是常溫食用的沙拉，不是從冰箱裡直接拿出來吃的冷沙拉，因此最好在所有食材準備好後馬上食用。

1人食用盛盤方式

○ 在盤子上擺放1杯生菜，接著依序擺放：1顆切片的馬鈴薯、1顆全熟切對半的蛋、½杯四季豆、1大匙橄欖、1大匙日曬番茄乾切片、¼份烤熟剝開的鮭魚（去皮）。充分灑上馬爾頓海鹽和現磨胡椒，淋上普羅旺斯醬料（包括檸檬碎塊），最後灑上¼份煎好的酸豆和1撮新鮮蒔蘿後即可享用。

4人食用盛盤方式

○ 在一個大盤子上擺放生菜當底，接著依序放上馬鈴薯、切對半的蛋、四季豆、橄欖、日曬番茄乾和剝開的鮭魚（去皮）。充分灑上馬爾頓海鹽和現磨胡椒，淋上普羅旺斯醬料（包括檸檬碎塊），最後灑上煎好的酸豆和新鮮蒔蘿後即可享用。

Wild Sage Salad

野生鼠尾草沙拉

。 1人份 。

夏季的尾聲是收穫的時節，
有些特定香草總會在我們的腦海中喚起某種意象——
蒙特婁人行道上五彩繽紛、踩起來嘎吱作響的落葉、加拿大的感恩節大餐、
鼠尾草與迷迭香的香氣從家中烤箱飄散而出。
於是，我們想出了這道以鼠尾草為靈感的淋醬，
佐上烤地瓜、烤胡桃、秋收帶有大地與花香氣息的西洋梨，以及嗆勁十足的山羊乳酪。
這道佐菜沙拉適合搭配以火雞或其他禽類為主菜的晚餐或午餐，
絕對會成為眾人焦點。

食材

。 4 杯綜合嫩葉生菜
。 ¼ 杯烤地瓜丁（第 146 頁）
。 ¼ 杯西洋梨丁
。 ¼ 杯捏碎的山羊乳酪
。 2 大匙紅蔥酥（第 151 頁）
。 2 大匙無花果乾丁
。 2 大匙烤胡桃
。 2 大匙南瓜籽
。 110g（1 杯）海鮮醬烤鴨絲（第 98 頁）
（可省略）
。 ⅓ 杯野生鼠尾草淋醬（第 161 頁）

做法

。 在一個不鏽鋼大盆裡放入所有食材，淋上醬汁，使用夾子翻攪均勻後即可享用。

Waldorf Salad

華爾道夫沙拉

◦ 1人份 ◦

我們研發了這道非常簡單、三分鐘即可完成的經典沙拉。
假如你喜歡藍紋乳酪、烤核桃和一點果乾，
一定會喜歡我們這道簡易版的華爾道夫沙拉。
就像這本書裡的所有沙拉一樣，
若有人要來家裡吃午餐，你可以輕鬆加大這道沙拉的份量。

食材

- ◦ 2 杯綜合嫩葉生菜
- ◦ 2 杯嫩葉菠菜
- ◦ ½ 顆蜜脆蘋果，切丁
- ◦ ½ 顆巴特利梨，切丁
- ◦ ¼ 杯捏碎的丹麥藍紋乳酪
- ◦ ¼ 杯烤核桃
- ◦ 2 大匙蔓越莓乾
- ◦ 2 大匙紅蔥酥（第 151 頁）
- ◦ 1 小匙迷迭香末
- ◦ ⅓ 杯經典巴薩米克淋醬（第 166 頁）

做法

- ◦ 在一個不鏽鋼大盆裡放入所有食材，淋上醬汁，使用夾子翻攪均勻後即可享用。

---

*備註：我們超愛藍紋乳酪，味道越重越棒！
然而，我們知道不是所有人都跟我們一樣，
所以這道沙拉使用的是味道較溫和的丹麥藍紋乳酪，讓你還是可以淺嚐華爾道夫沙拉的風味。*

洛利耶街
分店

Deluxe Waldorf Salad
奢華版華爾道夫沙拉

。1人份。

這道沙拉最初在二〇一九年三月推出，
那時候我們已經把華爾道夫沙拉下架很久了，
卻還是想重新引入這種沙拉一些熟悉的味道，但稍微改造一下。
我們很喜歡加州香檳醋、辛辣的戈貢佐拉乳酪及帶有嗆勁的辣根泥，
而這些大膽卻細緻的改變都是奢華版華爾道夫沙拉的一部分。

食材

- 1 杯綜合嫩葉生菜
- ½ 杯切絲的捲葉羽衣甘藍
- ½ 杯嫩葉菠菜
- ¼ 杯切好的紅菊苣
- ½ 顆科特蘭蘋果，切丁
- ¼ 杯捏碎的戈貢佐拉乳酪
- ¼ 杯烤核桃
- 1 大匙蔓越莓乾
- 1 大匙切薄片的紫洋蔥
- 1 大匙新鮮現磨的辣根泥，
  裝飾用（可省略）
- ⅓ 杯香檳油醋淋醬（第 161 頁）

做法

- 在一個不鏽鋼大盆裡放入所有
  食材，淋上醬汁，使用夾子翻
  攪均勻後即可享用。

Curry Quinoa Salad

咖哩藜麥沙拉

○ 1人份 ○

曼蒂 │ 茱蒂・沃爾夫——也就是我們的老媽——以前常會做一種很棒的雞肉沙拉（使用一堆印度咖哩醬、美乃滋、水果丁和清脆的芹菜）放進我們的三明治。

這份回憶從來不曾離開我心中。

我常常會突然很想念這道咖哩雞肉沙拉的滋味，

思考我們可以如何把它變成一道正統的沙拉，但裡面不加任何雞肉。

我們後來做到了！把不尋常的食材放在一起是一件令人很開心的事，

例如芹菜、腰果、葡萄、優格和咖哩。

而當這樣的組合產生的結果正合你意，那種感覺真是令人滿足。

藜麥自然是比較健康的選擇，但是使用庫斯庫斯（couscous）*也很適合。

食材

- 2 杯切好的蘿蔓生菜
- 2 杯綜合嫩葉生菜
- ½ 杯藜麥（第 201 頁）
- ¼ 杯紅蘿蔔絲
- ¼ 杯切對半的無籽紅葡萄
- ¼ 杯瀝乾水分並沖洗過的罐頭鷹嘴豆
- 2 大匙西洋芹丁
- 2 大匙紅椒丁
- 2 大匙鳳梨丁（可省略）
- 2 大匙烤鹽味腰果
- 2 大匙撕碎的香菜
- ⅓ 杯咖哩優格淋醬（第 170 頁）

做法

- 在一個不鏽鋼大盆裡放入所有食材，淋上醬汁，使用夾子翻攪均勻後即可享用。

---

* 編註：庫斯庫斯又稱古斯米、非洲小米，由粗麥粉所製，形狀和色澤近似小米，前菜、湯品及主食皆可入菜。

義大利波西塔諾,
2001 年

Roma Salad

羅馬沙拉

。 1人份。

瑞貝卡｜有很多義大利風味的沙拉都使用青醬或紅酒油醋的變化版本做為淋醬，
這並沒有錯，只是我們希望帶入義大利的陽光和義大利料理深愛的番茄。
我跟我的丈夫文斯剛開始交往時，曾經一起到位於義大利海岸的阿瑪菲（Amalfi）旅行，
二○○八年夏天，我們也在當地訂婚。
這道沙拉結合了特殊的甜鹹味道組合，
像是無花果和橄欖、綿密的博康奇尼乳酪和新鮮的羅勒，
再加上日曬番茄乾淋醬，吃起來就像義大利文常說的「甜蜜生活」（la dolce vita）……

食材

- 2 杯切好的蘿蔓生菜
- 2 杯綜合嫩葉生菜
- ¼ 杯綠花椰的花蕊（生的）
- ⅛ 顆紫洋蔥，切成如紙般的薄片
- 2 大匙切對半的卡拉馬塔橄欖
- 2 大匙撕碎的羅勒
- 2 大匙無花果乾丁
- ¼ 杯博康奇尼乳酪丁
- ½ 杯烤松子（可省略）
- ⅓ 杯日曬番茄乾淋醬（第 165 頁）

做法

- 在一個不鏽鋼大盆裡放入所有食材，淋上醬汁，使用夾子翻攪均勻後即可享用。

Kale Caesar Salad

羽衣甘藍凱撒沙拉

。 1人份 。

我們開始研發餐廳的第一份菜單時，納入了世界各地不同料理的口味。
問了一些親朋好友對於菜單的想法後，他們總說：「怎麼沒有凱撒沙拉？」
我們的反應是：「真的假的？你們會想吃凱撒沙拉？」
但最後還是傾聽了他們的意見，做出一道特別好吃的凱撒沙拉，
而且託羽衣甘藍的福，這道沙拉也特別健康。

食材

- 。 3 杯切好的蘿蔓生菜
- 。 1 杯恐龍羽衣甘藍
- 。 ¼ 杯刨絲的莫札瑞拉乳酪
- 。 ¼ 杯削片的帕瑪森乳酪
- 。 2 片培根，切片煎到焦脆
- 。 2 大匙酸豆，使用 1 大匙橄欖油煎到焦脆
- 。 ½ 杯自製口袋餅脆片（第 150 頁）
- 。 1 顆半熟蛋（第 148 頁），切對半，再灑上新鮮現磨的黑胡椒粒
- 。 ⅓ 杯凱撒淋醬（第 156 頁）

做法

- 。 在一個不鏽鋼大盆裡放入所有食材，淋上醬汁，使用夾子翻攪均勻後即可享用。

Cobb Salad

柯布沙拉

◦ 1人份 ◦

關於「真正」的柯布沙拉的起源，有很多個故事版本：
這道沙拉究竟是好萊塢布朗德比餐廳（Hollywood Brown Derby）的所有人
羅伯特・霍華德・柯布（Robert Howard Cobb）還是他的廚師想出來的？
有人說這似乎跟某天半夜只有剩菜可以運用有關……
無論如何，可以確定的是，需要為發明之母！
我們喜愛這道沙拉所使用的每一種食材，像是培根和蛋。
不過，就跟其他經典沙拉一樣，我們喜歡加入自己的創意，來點不一樣的。
這次，我們在綠色女神淋醬中用了大量的綠色香草。
雖然是午夜發明的沙拉，但全天候供應！

食材

- ◦ 2 杯切好的蘿蔓生菜
- ◦ 2 杯綜合嫩葉生菜
- ◦ ¼ 杯切對半的小番茄
- ◦ 2 片培根，切片煎到焦脆
- ◦ ¼ 杯切片的洋菇菌蓋部分
- ◦ ¼ 杯切片的罐頭棕櫚心
- ◦ ¼ 杯蔥花（蔥綠部分）
- ◦ ½ 杯自製口袋餅脆片（第 150 頁）
- ◦ 1 顆半熟蛋（第 148 頁），切對半
- ◦ 細海鹽
- ◦ 新鮮現磨的黑胡椒粒
- ◦ ⅓ 杯綠色女神淋醬（第 158 頁）

做法

- ◦ 在一個不鏽鋼大盆裡放入蛋以外的所有食材，淋上醬汁，使用夾子翻攪均勻。
- ◦ 將食材移至食用碗中，擺上切對半的蛋，再用鹽和胡椒調味後即可享用。

Sopranos Salad

索波諾沙拉

◦ 1人份 ◦

整個蒙特婁之所以這麼「美味」，其中一個關鍵元素就是我們的義大利裔同胞。
無論是義大利咖啡廳（Caffè Italia）的咖啡、
阿拉蒂－卡塞塔（Alati-Caserta）的甜點卡諾里奶油捲餅，
或位於聖倫納德（Saint-Léonard）的米蘭諾咖啡廳（Café Milano）販售的「米蘭諾特製」三明治，
我們能說的只有：老兄，超讚的。
這道沙拉是聖倫納德、紐澤西和洛利耶街的總和。
我們這次不問：「東尼會做什麼舉動？」而是思考：「東尼會做什麼沙拉？」
當然，站在開著的冰箱前吃現成肉片不能算是一道菜，
所以我們研發了這道沙拉，向東尼・索波諾（Tony Soprano）＊致敬。

食材

- ◦ 2 杯切絲的結球萵苣
- ◦ 2 杯綜合嫩葉生菜
- ◦ ¼ 杯（鬆散放入量杯中，不用壓實）撕碎的羅勒
- ◦ ¼ 杯大略切過的紅菊苣
- ◦ ¼ 杯醃漬香蕉辣椒圈
- ◦ 1 顆切薄片的紫洋蔥
- ◦ 7 顆去籽的卡拉馬塔橄欖
- ◦ 7 顆切對半的小番茄
- ◦ ⅓ 杯大略切過的博康奇尼乳酪
- ◦ ⅓ 杯義大利豬頸肉香腸丁
- ◦ 10 片洋芋片
- ◦ ⅓ 杯紅酒油醋淋醬（第 163 頁）

做法

- ◦ 在一個不鏽鋼大盆裡放入所有食材，淋上醬汁，使用夾子翻攪均勻後即可享用。砰砰＊＊！輕鬆完成！

＊ 譯註：知名電視劇《黑道家族》（The Sopranos）的義大利裔黑幫男主角，生活在紐澤西，喜歡直接打開冰箱從裡面拿現成熟食肉出來吃。

＊＊ 譯註：原文Bada-bing一詞最初應是來自電影《教父》（The Godfather），指開槍動作（應為狀聲詞），後來延伸為「一件感覺很難但是做完後發現很簡單的事」之意（就像做沙拉一樣）。

Mint Madness Salad

瘋薄荷沙拉

○ 1人份 ○

曼蒂｜在製作這本書時，我們找到了十年前左右的一些「骨董級」老菜單。
當時，我們只把菜單印在輕薄的影印紙上，再拿去連鎖文具店護貝。
其中，有一道沙拉叫做瘋薄荷！
我一向很迷戀新鮮香草，每一種香草都有故事，還可用來研發一整份菜單品項；
或像這份食譜一樣，拿來研發一道沙拉。
多年來，這份美麗的食譜在我們的菜單上來來去去數回，有過好幾個不同的版本。
我們喜歡以薄荷搭配茴香雅緻的八角氣味，或搭配西洋梨，還有鹹香的硬質菲塔乳酪。
實驗特定食材巧妙及顯著的風味（葡萄柚是很棒的神來之筆，炎夏盛產的西瓜也是），
最後再使用香草點亮提味融合一切，是一件很美妙的事。

食材

- 1 杯切好的蘿蔓生菜
- 1 杯嫩葉菠菜
- 1 杯綜合嫩葉生菜
- ½ 顆西洋梨，切丁
- ½ 顆酪梨，切丁
- ¼ 杯紅蘿蔔絲
- ¼ 顆茴香球莖，削薄片

- ¼ 杯小黃瓜丁
- 2 大匙切薄片的紫洋蔥
- ¼ 杯菲塔乳酪丁
- 2 大匙烤葵花籽
- 2 大匙撕碎的薄荷
- ⅓ 杯瘋薄荷淋醬（第 166 頁）

做法

- 在一個不鏽鋼大盆裡放入所有食材，淋上醬汁，使用夾子翻攪均勻
  後即可享用。

備註：這道夏日沙拉很適合添加素雞肉（第142頁）或烤雞胸（第149頁）。

Hoisin Duck Salad
海鮮醬烤鴨絲沙拉

。1人份。

曼蒂｜有一年我生日，去了蒙特婁一家賣涼拌生魚片（Tiradito）的現代祕魯餐廳用餐。
餐點的其中一碟菜餚裝的是小刈包夾鴨肉絲和一堆新鮮香菜、醃洋蔥及碎花生，超好吃！
那個味道我一直念念不忘，所以盡力重現在我們的沙拉裡。

食材

- 2 個刈包（第 101 頁）
- 110g（1 杯）海鮮醬烤鴨絲（第 98 頁）
- 2 杯切絲的捲葉羽衣甘藍
- 1 杯芝麻菜
- ½ 杯「超級涼拌高麗菜絲」（參見備註）
- ¼ 杯紅蘿蔔絲
- 2 大匙醃紫洋蔥（第 99 頁）
- 2 大匙撕碎的香菜
- 2 大匙黑白芝麻粒
- 1 大匙烤花生
- ⅓ 杯（80ml）海鮮醬淋醬（第 164 頁）

做法

- 若有需要，請先加熱刈包和鴨肉。在大
  碗裡鋪上羽衣甘藍、芝麻菜、超級涼拌
  高麗菜絲和紅蘿蔔，接著擺放溫熱的鴨
  肉。淋上醬汁，然後灑上醃紫洋蔥、香
  菜、芝麻粒和烤花生，配著熱騰騰的刈
  包一起享用。

備註：

- 這無疑是本書製作流程最耗工的沙拉，但或許也
  是最令人滿足也最奢華的一道。這份食譜包含許多
  部分，每一個都可以單獨做來運用，像是鴨肉、刈
  包、沙拉或海鮮醬淋醬。然而，由各個部分總和起
  來的整份食譜才是這道沙拉的美味關鍵，完美結合
  了甜、鹹和大地風味。
- 在組合、大啖這道沙拉之前，你得先準備鴨肉，會
  需要4個小時左右的烹煮加靜置時間。刈包也可以
  早早準備好，冷凍起來，需要時再拿出來用。
- 我們把刈包加進這道食譜，鼓勵你將沙拉變成迷你
  三明治！這些刈包一次做大量也很值得。
- 鴨肉的份量夠做4份沙拉，如果想做這道沙拉給4個
  人吃，只要把羽衣甘藍、芝麻菜、紅蘿蔔、香菜、
  芝麻粒和碎花生的量增加4倍即可。
- 「超級涼拌高麗菜絲」在超市的沙拉區可能找得
  到，通常會包括切絲的羽衣甘藍、球芽甘藍、紫高
  麗菜及（或）櫛瓜。

海鮮醬烤鴨絲

4 人份

這道沙拉所使用的鴨肉先是經過烘烤、撕成細絲,接著再跟海鮮醬和柳橙汁調成的醃料一起烹煮,最後做出甜甜鹹鹹的烤肉風鴨肉。

食材

- 1 隻 2kg 重的新鮮鴨肉
- 細海鹽和新鮮現磨的黑胡椒粒
- 1 又 ½ 杯海鮮醬醃醬(第 99 頁)

做法

- 烤箱預熱160℃。
- 取出所有的內臟和鴨脖子(丟棄或留作他用皆可)。
- 烤盤中放置烤架,鴨胸朝上,把鴨子放在烤架上。用鹽巴、胡椒充分調味。慢烤2小時。
- 將鴨子從烤箱中取出,使用刀尖在鴨胸和鴨腿上刺多個洞。放回烤箱,續烤1小時15分鐘。
- 將烤盤小心地從烤箱中取出(裡面會有不少鴨油)。把鴨肉放在砧板上,靜置30分鐘。同一時間,將滾燙的鴨油和汁液過濾到一個耐熱容器中,將鴨汁完全放涼,接著把鴨油(會浮在上面)挖到另一個容器中冰起來。鴨油非常適合烤馬鈴薯,放在冰箱中可保存數週。
- 鴨肉放涼的同時,來製作海鮮醬醃醬。
- 把鴨肉撕成小塊,鴨胸應該很容易就會跟骨架分離。去皮後,使用兩把叉子或雙手,把肉再撕成適口大小的鴨肉絲放入碗中。
- 倒入1又½杯的海鮮醬醃醬(剩下的醃醬用來製作海鮮醬淋醬(第164頁)),跟鴨肉混合均勻。如果沒有要馬上做沙拉,可將鴨肉冰進冰箱,需要時再拿來用。鴨肉最早可於24小時前製作。
- 烤箱預熱230℃。
- 將醃製鴨肉鋪在一個大烤盤上,烘烤10分鐘或直到邊緣開始焦糖化。準備沙拉的期間,保持鴨肉溫熱(沒有用完的鴨肉可冷藏保存3天)。

海鮮醬醃醬

1 又 ⅔ 杯 (400ml)

食材

- 1 杯海鮮醬
- ¼ 杯柳橙汁
- 5 瓣蒜頭
- 2 大匙大略切碎的薑
- 2 大匙米醋

做法

- 把所有食材放入果汁機中,使用中高速攪打10-15秒,還看得見蒜頭和薑塊沒有關係。將醃醬倒入密封容器冰起來,要用時再拿出來。
- 這款醃醬可冷藏保存7天。

醃紫洋蔥

1 杯

食材

- 1 顆紫洋蔥,切成非常薄的薄片
- 5 瓣蒜頭,切薄片
- 1 又 ⅓ 杯紅酒醋
- 1 杯砂糖
- 1 大匙細海鹽

做法

- 把洋蔥片和蒜片放入一個大的耐熱罐或玻璃容器中。
- 將醋、糖、鹽放進湯鍋中,開中火煮滾,攪拌使糖和鹽溶解。
- 將滾燙的液體倒在洋蔥和蒜頭上,靜置放涼。蓋上容器蓋子,冰進冰箱,要用時再拿出來。醃洋蔥可冷藏保存7天。

刈包

15 個
（每份沙拉使用 2 個或以上）

你會需要

∘ 電子秤
∘ 筷子
∘ 烘焙紙，剪成 15 張 7.5cm
  的正方形
∘ 竹蒸籠

食材

∘ 2 又 ¼ 杯（265g）中筋麵粉，
  外加額外灑粉用的量
∘ ¼ 小匙細海鹽
∘ 1 小匙速發酵母
∘ 2 大匙砂糖
∘ 1 又 ½ 小匙泡打粉
∘ 2 大匙全脂牛奶
∘ ½ 杯（125ml）溫水
∘ 1 大匙酪梨油，外加額外刷
  麵團和筷子需要的量

做法

∘ 將麵粉、鹽、酵母、糖和泡打粉放入裝有麵團鉤的直立式攪拌缽中。把牛奶、溫水和酪梨油放入一個大量杯中。攪拌機一邊開低速運轉，一邊慢慢將液體倒入乾性材料裡。攪拌2分鐘，使所有食材混拌均勻。轉中速，再攪拌2分鐘，直到麵團變得光滑但仍黏手的狀態。

∘ 將1、2大匙的麵粉灑在麵團上，在檯面上用雙手搓揉幾下，整成圓球。把攪拌缽刮乾淨，塗抹一點點油。把麵團放回缽中，用濕布蓋起來。將麵團放在溫暖潮濕不通風的地方（放在微波爐裡中旁邊放一壺熱開水也很有效）進行發酵。

∘ 麵團變一倍大（約1.5–2小時）之後，倒在檯面上搓揉幾下，釋放部分空氣。用秤將麵團均分為15等份，每一球應該重30g左右（或者你可以先秤整個麵團，再除以15，判定每一球的重量應該是多少）。這個麵團非常好操作，如果一開始捏出來的麵團重量不準確，就根據需要增加或減少麵團，把多的麵團跟原本捏出來的麵團搓揉幾下混合均勻即可。用保鮮膜或濕布蓋住麵團球。

∘ 使用擀麵棍一次處理一顆球，擀成約10-13cm長的橢圓形，表面刷一點油。將一根筷子稍微抹油，放在每個橢圓形的中央，接著將橢圓折對半，做成半月形的刈包。把筷子輕輕抽出來，將刈包放在大烤盤的一張正方形烘焙紙上。塑形剩下的麵團時，塑形好的部分用保鮮膜或濕布蓋著。

∘ 所有麵團都塑形好之後，務必全部蓋起來，靜置15-20分鐘。同一時間，把一大鍋水煮滾，上面放一個竹蒸籠。

∘ 分批放入鋪了烘焙紙的麵團，以免蒸籠太擁擠。蓋上蒸籠蓋子，蒸10分鐘。麵團膨脹，刈包變得像迷你枕頭的時候就是蒸好了。你可以立即使用，或是完全放涼後裝進塑膠袋，冷凍可保存2個月。若要加熱冷凍刈包，只要在蒸籠裡蒸2-3分鐘，使刈包變回蓬鬆柔軟、完全熱透即可。

Legally Blonde

金髮尤物沙拉

。1人份。

在法國市場料理中，食材搭配一定要符合當地、當季和邏輯這三個條件。
例如，假設你要烹煮兔肉，那麼合乎邏輯的搭配方式就是佐以芥菜、萵苣，甚至是蕪菁切片。
吃兔肉就要搭配兔子的食物，就是這麼簡單、美味、合理。
所以，在研發這道沙拉時，我們想要根據自己的經驗，創造一道對大麻充滿渴望的沙拉。
這樣的食材包括：熟成的加拿大切達乳酪、綜合醬料口味的洋芋片
（我們使用紐奧良綜合香料口味的口袋餅脆片取代）、奇亞籽、大麻籽（那還用說）、
讓人吃得安心的萵苣以及綿密的酪梨。還有，使用 CBD（大麻二酚）油為基底調成的淋醬。
值得一提的是，我們在研發這個尚未成形的點子時，大麻剛在魁北克合法。
我們花了好幾個月才在當地的大麻商家（國營的大麻銷售通路）買到 CBD 油，
因為魁北克和安大略的大麻老是處於完售狀態。
所以，如果你沒有囤貨，請事先做好規劃！

食材

◦ 2 杯綜合嫩葉生菜

◦ 2 杯羽衣甘藍或羊齒生菜

◦ 2 大匙奇亞籽

◦ 2 大匙大麻籽

◦ 1 顆蘋果，切薄片

◦ ¼ 杯刨好的熟成切達乳酪或加拿
　大辛辣切達乳酪

◦ ½ 杯自製口袋餅脆片（第 150 頁）
　混合紐奧良綜合香料（第 149 頁）

◦ ¼ 杯素雞肉（第 142 頁）（可省略）

◦ ½ 顆酪梨，切丁

◦ 1 顆煎蛋，放在最上面

◦ ⅓ 杯 CBD 淋醬（第 165 頁）

做法

◦ 在一個不鏽鋼大盆裡放入煎蛋以外的所有食材，淋上醬汁，使用夾子翻攪均勻。
　最後放上煎蛋即可享用。

勁辣 Smoke Show 沙拉

Spicy Smoke Show Salad

◦ 1人份 ◦

我們的好友，同時也是傳奇「Smoke Show 牌醬汁」的創始人——戴夫・羅斯（Dave Rose）
請我們在餐廳運用他的墨西哥辣椒醬時，我們真的很興奮，
迫不及待想要研發一道可以展現這款醬汁有多好吃的沙拉。
勁辣 Smoke Show 沙拉從美墨沙拉衍生出來，多加了橄欖、洋蔥、更多新鮮香菜、
刨過的辛辣切達乳酪以及切丁的清脆甜椒，吃起來感覺像是玉米片零嘴，但卻健康許多！
相信我們，這絕對會成為你下次看超級盃的好伴侶！

食材

◦ 2 杯切好的蘿蔓生菜
◦ 2 杯綜合嫩葉生菜
◦ ½ 顆酪梨，切丁
◦ ¼ 杯紅、青椒丁
◦ ¼ 杯瀝乾水分並沖洗過的罐頭玉米粒
◦ ¼ 杯瀝乾水分並沖洗過的罐頭黑豆

◦ ¼ 杯刨好的辛辣切達乳酪
◦ 2 大匙去籽的卡拉馬塔橄欖
◦ 2 大匙切薄片的紫洋蔥
◦ 1 大匙撕碎的香菜（葉加梗）
◦ ½ 杯壓碎的墨西哥玉米片
◦ ⅓ 杯 Smoke Show 淋醬（第 170 頁）

做法

◦ 在一個不鏽鋼大盆裡放入所有食材，淋上醬汁，使用夾子翻攪均勻後即可享用。

味噌鮭魚米線沙拉

。 1人份。

曼蒂 │ 我小時候討厭鮭魚，簡直是深惡痛絕。
我到現在還記得學校餐廳煮過頭、乾巴巴、無調味、腥味重的鮭魚吃起來的味道。
當我聽說，鮭魚如果煮得正確，其實可以很濃郁、濕潤、細緻、柔軟時，
我便下定決心要用來做沙拉。在這道沙拉裡，我借用了一些東亞元素：
大量新鮮香草、吃了會讓嘴皺起來卻又帶點甜的醃綠花椰梗
（誰說只能用花蕊的部位？拉奇，謝謝你加進這個食材）、
讓你更有飽足感的無麩質米線，還有讓一切更上一層樓的萊姆辣椒淋醬。

食材

- 1 杯綜合嫩葉生菜
- 1 杯芝麻菜
- ½ 杯米線（第 201 頁）
- ½ 顆酪梨，切丁
- ¼ 杯紅蘿蔔絲
- ¼ 杯切細絲的紫高麗菜
- ¼ 杯醃綠花椰梗（第 107 頁）
- 2 大匙黑白芝麻粒
- 2 大匙撕碎的羅勒
- 2 大匙撕碎的薄荷
- 2 大匙撕碎的香菜
- 110g 烤醃鮭魚（第 107 頁），去皮
- ⅓ 杯萊姆辣椒泰式淋醬（第 162 頁）

做法

- 在一個不鏽鋼大盆裡放入鮭魚以外的所有食材，淋上醬汁，使用夾子翻攪均勻。
- 將食材移至食用碗中，擺上掰成大塊的鮭魚後即可享用。

醃綠花椰梗

1 又 ½ 杯（6 份）

食材

- 280g 綠花椰梗（約 4 個梗，削皮修整好）
- 1 杯砂糖
- 1⅓ 杯米酒醋
- 2 大匙萊姆汁
- 2 小匙麻油
- 2 大匙蒜末

做法

- 使用平面削片器將綠花椰梗削成極薄片，或者像我們在餐廳做的一樣，使用螺旋切片器！
- 將削好的綠花椰梗放入一個1l大小或兩個0.5l大小的耐熱梅森罐裡。
- 將糖、醋、萊姆汁、麻油和蒜末放進小湯鍋，開中火煮滾，攪拌使糖完全溶解，約2分鐘。
- 倒在綠花椰梗上，靜置放涼。蓋起來，冰進冰箱1小時。
- 醃綠花椰梗可冷藏保存7天。

烤醃鮭魚

450g（4 份）

食材

- 450g 有機鮭魚片（我們用的是大西洋鮭），中段部位，保留魚皮
- 3 大匙酪梨油
- 2 大匙白味噌
- 2 大匙溜醬油
- 2 大匙米酒醋
- 2 大匙萊姆汁
- 1 大匙檸檬汁
- 1 大匙蒜末
- 1 大匙薑末
- 2 小匙是拉差香甜辣椒醬
- 2 小匙參峇辣椒醬

做法

- 魚皮朝下，把鮭魚放入玻璃容器裡。
- 把所有醃醬食材放入小碗混合均勻。
- 使醃醬裹滿整片鮭魚，冷藏一晚或至少12個小時。我們的鮭魚都醃24個小時。
- 烤箱預熱190℃。
- 將醃好的鮭魚放在鋪有烘焙紙的烤盤上，烘烤25分鐘，直到魚肉看起來變硬但仍多汁，或直到魚肉最厚部位的內部溫度達到62℃（使用專門測量食物溫度的探針溫度計）。
- 置於室溫放涼，接著放進密封容器中冷藏。烤鮭魚可保存5天。

備註：這份食譜可以做出4份鮭魚，若想做到6份，請使用675g的鮭魚和相同份量的醃醬，並將烘烤時間延長7分鐘左右。

綠淨沙拉

。1人份。

我們常常會遇到顧客想要吃單純只有蔬菜的沙拉。
原因很多，可能他們覺得自己吃太多了、正值排毒期間、任何你想得到的不耐症等，
所以來店裡時，他們想要找完全純生菜的沙拉。
因此，顧客想要什麼，我們就做什麼出來！
這道沙拉純淨、環保、好吃又健康，可以滿足這類需求。
我們幾乎什麼都愛加一點酪梨，但假如你要控制卡路里攝取，可以省略。

食材

- 2 杯切好的蘿蔓生菜
- 2 杯綜合嫩葉生菜
- ¼ 杯切細絲的紫高麗菜
- ¼ 杯綠花椰的花蕊（生的）
- ¼ 杯小黃瓜丁
- ¼ 杯（解凍沖洗過的）冷凍毛豆仁
- ¼ 杯蔥花（蔥綠部分）

- ¼ 杯南瓜籽
- 2 大匙撕碎的羅勒
- 2 大匙撕碎的薄荷
- 2 大匙撕碎的香菜
- ½ 顆酪梨，切丁（可省略）
- ⅓ 杯春季排毒淋醬（第 169 頁）

做法

- 在一個不鏽鋼大盆裡放入所有食材，淋上醬汁，使用夾子翻攪均勻後即可享用。

The Kaiser (Vegan Caesar)

純素凱撒沙拉

。 1人份 。

凱撒沙拉可說是北美沙拉界的帝王，但我們也想讓純素的顧客吃到類似的口味，
只是不加培根、蛋、美乃滋和鯷魚。
這道沙拉託絲滑的豆腐淋醬以及充滿鮮味的營養酵母的福，
擁有跟傳統凱撒沙拉一樣的綿密口感，又透過新鮮薄荷與巴西利增添些許中東風情，
還加了以中東烤雞肉串為發想的「素」醃雞肉，使用營養酵母、溜醬油和豆腐製成。
這道素雞肉是我們的主廚拉克蘭・麥吉利夫雷（Lachlan McGillivray，小名拉奇）發明的，
就像是純素版的肯德基雞米花，非常容易上癮。

食材

- 。 2 杯切好的蘿蔓生菜
- 。 2 杯恐龍羽衣甘藍
- 。 ¼ 杯瀝乾水分並沖洗過
  的罐頭綠扁豆
- 。 ¼ 杯切對半的小番茄
- 。 ¼ 杯小黃瓜丁
- 。 ½ 顆酪梨，切丁

- 。 2 大匙石榴（可省略）
- 。 2 大匙蔥花（蔥綠部分）
- 。 2 大匙平葉巴西利末
- 。 2 小匙撕碎的薄荷
- 。 ½ 杯自製口袋餅脆片（第 150 頁）
- 。 ½ 杯素雞肉（第 142 頁）
- 。 ⅓ 杯純素凱撒淋醬（第 157 頁）

做法

- 。 在一個不鏽鋼大盆裡放入所有食材，淋上醬汁，使用夾子翻攪均勻後即可享用。

共進午餐的女士們

在「曼蒂沙拉」，我們挑酒會考量到兩個因素。

首先，把酒想成食物本身。新鮮的沙拉和新鮮的作物就要搭配純正新鮮的葡萄酒。我們會跟有機葡萄酒小農購買美味、輕鬆、令人滿足的酒，純粹因為大方，而非試圖炫耀。吃午餐時，我們會想來點解渴又精練的東西，可以提神，讓我們撐過下半天，卻不會帶有久久縈繞不去，予人沉重感的濃厚韻味。身體能夠輕鬆整合的東西很好，因此酒精濃度低較為理想。

其次是味道的搭配。沙拉淋醬是讓沙拉裡那些棒呆了的蔬菜和食材亮起來、活起來的瓊漿玉液，但卻很容易壓過葡萄酒蘊含的細緻風味。淋醬如果含有一定的酸度，我們建議選酒時也要選同樣奔放的。以紅酒而言，為了保持清新，我們會挑選氣候較冷產區、單寧較少、比較明亮的酒款，如阿澤萊里多的Angélique Quentin Bourse出產的美酒。

以下是一些我們在舊港區旗艦店會供應的酒款，敬請留意：

- Cucú Cantaba La Ran Verdejo（白酒）
- Gregoletto Verdiso（白酒）
- Succés Experiència Parellada（白酒）
- Succés La Cuca de Llum（紅酒）
- Le Sot de l'Ange Quentin Bourse（紅酒）
- Le Sot de l'Ange Sottise（粉紅酒）

Cajun Shrimp Salad

紐奧良綜合香料鮮蝦沙拉

∘ 1人份 ∘

二〇一七年的夏天，我們第一次在蒙特婁老城區分店試賣這道沙拉，
之後它便沒有離開過菜單。
多層次的紐奧良綜合香料鮮蝦結合了萊姆、香菜、芒果、
鹹香培根等食材隱隱約約的味道，把路易斯安那風情都帶到了蒙特婁。

食材

∘ 5 隻新鮮的特大號（16/20）*鮮蝦，
去殼去腸泥
∘ 1 小匙紐奧良綜合香料（第149頁）
∘ 2 大匙橄欖油
∘ ½ 顆萊姆擠汁
∘ 2 杯嫩葉菠菜
∘ 2 杯綜合嫩葉生菜
∘ 2 片培根，切片煎到焦脆
∘ ½ 顆偏熟的香檳芒果，切丁
∘ ½ 顆酪梨，切丁
∘ ½ 杯切對半的小番茄
∘ 1 大匙撕碎的香菜
∘ 1 大匙蔥花（蔥綠部分）
∘ ⅓ 杯香菜萊姆薑味淋醬（第171頁）

做法

∘ 把鮮蝦和紐奧良綜合香料放入小
碗中翻攪均勻。
∘ 將橄欖油倒入煎鍋，使用中大火
加熱到散發光澤後，將拌好的鮮
蝦放入鍋中煎2-3分鐘，翻面1-2
次，倒入萊姆汁，離火。
∘ 在一個不鏽鋼大盆裡放入鮮蝦、
菠菜、綜合嫩葉生菜、培根、芒
果、酪梨、小番茄、香菜和蔥
花，淋上醬汁，使用夾子翻攪均
勻後即可享用。

---

* 譯註：表示每1kg有16-20隻蝦。

Peach and Prosciutto Salad

蜜桃與帕馬火腿沙拉

。1人份。

多汁的夏日甜桃；帶點辛辣味的橄欖油；聖達涅萊帕馬火腿；
一球從中心切對半的布拉塔乳酪，流出濃郁、充滿乳酪香的精華。
還沒流口水嗎？這樣形容你應該有概念了。
這道沙拉最好在炎炎夏日搭配一瓶冰涼的白酒（參見第 111 頁的選酒指南）一起享受，
擺在大盤子上看起來美極了。

食材

- 1 杯芝麻菜
- 1 杯切絲的九芽生菜
- 1 杯切好的紅菊苣
- 1 顆桃子，切成 6 或 8 塊
- 2 大匙切薄片的紫洋蔥

- ¼ 球新鮮的布拉塔乳酪，室溫
- 2 大匙烤松子
- 2 大匙撕碎的羅勒
- 2 片帕馬火腿薄片
- ⅓ 杯義大利夏日淋醬（第 155 頁）

做法

- 在一個不鏽鋼大盆裡放入帕馬火腿以外的所有食材，淋上醬汁，使用夾子翻攪均勻。
- 擺在大盤子上，上面以帕馬火腿片點綴後即可享用。

聖托里尼沙拉

。 1人份 。

我們喜愛希臘菜餚，因為它味道簡樸，且地中海飲食健康效益多。
說到希臘，就會想到白得刺眼的建築和蔚藍的天空，
還有最棒的——極為新鮮的食材。
好吧，在這道沙拉裡，我們也放了一些用迷迭香調味的堅果，因為我們也很愛這種食物。
另外，我們還把藍莓、覆盆子和草莓做成淋醬。
整個組合既有超甜、超酸和超鹹的食材，
使用香草調味的堅果還帶有卡宴辣椒粉的嗆勁，最後再淋上莓果醬汁。
相信我們，真的很好吃。

食材

- 3 杯綜合嫩葉生菜
- 1 杯切好的紅菊苣
- ½ 杯紅藜麥（第 201 頁）
- ½ 杯西瓜丁
- ¼ 杯菲塔乳酪丁

- ¼ 杯迷迭香辣味堅果（第 147 頁）
- 2 大匙切薄片的紫洋蔥
- 2 大匙撕碎的薄荷
- 2 大匙撕碎的羅勒
- ⅓ 杯濃郁希臘淋醬（第 169 頁）

做法

- 在一個不鏽鋼大盆裡放入薄荷和羅勒以外的所有食材，淋上醬汁，使用夾子翻攪均勻。
- 擺在大盤子上，最後用羅勒和薄荷裝飾後即可享用。

Spring Farro Salad

春日法羅沙拉

。 1人份 。

這道沙拉的靈感來自紐約查理鳥餐廳（Charlie Bird）知名美味的法羅沙拉。
我們借用他們那使用蘋果汁燉煮過的可口鬆軟法羅，
再加上酸勁十足的莓果、鹹香的硬質帕瑪森乳酪，
當然，還有一大堆的綠色蔬菜和新鮮香草。

食材

- 2 杯綜合嫩葉生菜
- 1 杯切絲的捲葉羽衣甘藍
- 1 杯芝麻菜
- ½ 杯蘋果汁法羅（第 200 頁）
- ¼ 杯切對半的小番茄
- ¼ 杯切薄片的櫻桃蘿蔔
- 2 大匙藍莓（可省略）

- ¼ 杯削片的帕瑪森乳酪
- 2 大匙切碎的開心果
- 1 大匙烤胡桃
- 2 大匙撕碎的薄荷
- 2 大匙撕碎的羅勒
- 檸檬汁，擠在沙拉上
- 核桃或榛果油，淋在沙拉上

做法

- 在一個不鏽鋼大盆裡放入檸檬汁和核桃油以外的所有食材，使用夾子翻
  攪均勻，接著根據個人口味淋上適量的檸檬汁和核桃油後即可享用。

甜鹹茴香沙拉

。 1人份 。

曼蒂 ｜ 我不太記得是在哪裡第一次嚐到削片茴香和新鮮柳橙這樣的沙拉組合
——只能確定是當年位於聖洛朗大道（St-Laurent Boulevard）的某間義大利餐廳，
但是我知道那時自己的味蕾被激起了好奇心。
把細緻的八角和柑橘風味跟鹹鹹的橄欖和焦脆的培根融合在一起……
太美味了！

食材

- 1 顆紅寶石葡萄柚
- 1 顆甜橙
- 2 杯綜合嫩葉生菜
- ½ 顆茴香球莖，去芯，使用削片器削成非常薄的薄片（約 2 杯份量）
- 2 片培根，切片煎到焦脆
- 1 大匙大略切過的卡斯泰爾韋特拉諾橄欖
- 1 大匙茴香葉末
- 1 大匙撕碎的薄荷
- 1 大匙撕碎的羅勒
- ⅓ 杯蜂蜜柑橘淋醬（第 163 頁）

做法

- 葡萄柚和柳橙去皮切瓣：使用一把尖利的水果刀切掉果皮，只留下果肉，接著在小碗上（以便接住果汁）切下個別果瓣，去掉瓣與瓣之間的薄膜不用。流下來的果汁可用來製作蜂蜜柑橘淋醬。

- 在一個不鏽鋼大盆裡放入所有食材，淋上醬汁，使用夾子翻攪均勻後即可享用。

起司肉汁薯條行動餐車沙拉

Poutine Food Truck Salad

。 1人份 。

曼蒂 │ 多年來，我們一直夢想要擁有一台跑派對專用的行動餐車，加入時髦又勤勞的餐廳行列。終於，在二〇一七年的早春，我們有了自己的餐車。為了呼應我們的風格，我們把這輛寶貝漆成亮粉色，再用金色棕櫚樹圖案裝飾，然後開進歐西嘉音樂節（Osheaga）、爵士音樂節（Jazz Fest）、蒙城嘻笑節（Montreal's Just for Laughs）等各大節慶。我們需要販售可以跟其他餐車的邋遢喬肉醬三明治、塔可餅等油滋滋餐點競爭的東西，也想向魁北克的經典菜餚致敬，因此研發出這道起司肉汁薯條沙拉。不過，我們沒有使用薯條（薯條很快就會變濕軟），而是選擇馬鈴薯（上面再加一點酥脆洋芋片）。由於肉汁薯條一次製作的份量很大，而且超級好吃，我們建議你將食材加倍，做給兩人或更多人吃。

食材

- 4 杯切好的蘿蔓生菜
- ½ 杯肉汁薯條（第 124 頁）
- ⅓ 杯新鮮的乳酪凝塊
- 2 大匙刨絲的莫札瑞拉乳酪
- 2 片培根，切片煎到焦脆
- ¼ 杯手作油炸洋芋片（我們喜歡鱈魚角牌）*
- ⅓ 杯楓糖肉汁淋醬（第 163 頁）

做法

- 在一個不鏽鋼大盆裡放入所有食材，淋上醬汁，使用夾子翻攪均勻後即可享用。

---

* 譯註：手作油炸洋芋片（kettle-cooked chips）亦翻成「手切洋芋片」，跟一般在運輸帶上全自動製成的洋芋片相比，這種洋芋片製造方式較陽春，是將一批批的馬鈴薯輪番丟進鍋內進行油炸，每丟新的一批，油鍋溫度便會下降，延長油炸時間，因此手作油炸洋芋片的形狀較不規則、顏色較不均勻，但吃起來較脆，且許多品牌都標榜使用純天然食材製成、沒有反式脂肪等。鱈魚角（Cape Cod）是以製造手作油炸洋芋片出名的品牌之一。

肉汁薯條

4 杯（6-8 份）

食材

○ 900g 小顆褐皮馬鈴薯，不用去皮，每顆切成 8 條
○ ¼ 杯橄欖油
○ 2 小匙細海鹽
○ ½ 小匙新鮮現磨的黑胡椒粒
○ 2 杯雞肉汁（參見下方食譜）

做法

○ 烤箱預熱230℃。

○ 把馬鈴薯、油、鹽和胡椒放入大碗翻攪均勻，接著均勻鋪在烤盤上。

○ 烘烤20分鐘，直到馬鈴薯開始變成金黃色。從烤箱中取出，均勻淋上肉汁，用鍋鏟翻動，讓肉汁完全沾裹每一條馬鈴薯。

○ 續烤10分鐘，直到肉汁變得濃稠、馬鈴薯邊緣變得酥脆。從烤箱中取出，稍微放涼3-4分鐘再使用。

雞肉汁

約 4 杯

食材

○ 4 杯水
○ 1 杯（100g）熱雞肉三明治醬汁預拌粉

做法

○ 把水煮開。

○ 將兩杯熱開水和預拌粉放入一個大碗或罐子裡，攪拌至完全溶解。把剩下的開水和拌好的液體倒入湯鍋中，一邊不停攪拌，一邊以中火微滾5分鐘，煮到濃稠即可。

備註：我們在餐廳使用的是Berthelet牌的預拌粉（Berthelet Hot Chicken Sauce Mix）。

精選蒙特婁十大
起司肉汁薯條專賣店

Keto Salad

生酮沙拉

。 1人份 。

在二〇一八年，你認識的某個人很可能也被生酮熱潮所打動。
「你有在吃生酮嗎？」「生酮飲食者可以吃這個嗎？」「我又開始吃生酮了……」
常常可以聽到諸如此類的對話。
基本上，生酮飲食就是一種極低糖、低碳，
並強調多吃深色蔬菜、蛋白質和健康脂肪的飲食。
我們擁有製作美味又有飽足感的生酮沙拉需要的所有條件，能夠滿足生酮飲食者，
因此曾在每月沙拉中推出生酮沙拉。
結果，這道沙拉大受歡迎，
於是我們在接下來的春天（大家開始準備在夏天大秀身材的時候）
讓它再度回歸，太美妙了。

食材

- 4 杯綜合嫩葉生菜
- 1 顆酪梨，切丁
- ½ 杯小黃瓜丁
- ¼ 杯切薄片的洋菇
- ¼ 杯切片的罐頭棕櫚心
- ¼ 杯烤雞胸（第 149 頁）
- 2 片培根，切片煎到焦脆

- ¼ 杯削片的帕瑪森乳酪
- 2 大匙蔥花（蔥綠部分）
- 2 大匙撕碎的羅勒
- 2 大匙龍蒿
- ⅓ 杯生酮凱撒淋醬（參見第 156 頁的備註）

做法

- 在一個不鏽鋼大盆裡放入所有食材，淋上醬汁，使用夾子翻攪均勻後即可享用。

Filet Mignon Salad

菲力牛排沙拉

。 1人份 。

幾年前，我們感覺自己好像用遍了大部分會在沙拉裡出現的蛋白質食材：
雞肉、鮭魚、鮪魚、培根、龍蝦⋯⋯但是我們還沒運用過牛排。
二〇一五年四月在市區的彎月街開了一家分店之後，我們希望可以歡迎所有類型的顧客，
無論是純素、素食、雜食、海鮮素或肉食主義者（他們也是愛吃沙拉的）。
於是，菲力牛排沙拉登場！你可以想像自己在蒙特婁的一家牛排館
（諸如 Gibbys! Moishes! Rib'N Reef!）吃著商業午餐，
大啖多汁的菲力牛排，但旁邊少了讓人很撐的馬鈴薯泥或薯條。

食材

- 2 杯嫩葉菠菜
- 1 杯芝麻菜
- 1 杯綜合嫩葉生菜
- ½ 顆酪梨，切丁
- ½ 杯切對半的小番茄
- 2 大匙切薄片的紫洋蔥
- 1 大匙撕碎的龍蒿
- 110g 炙燒菲力牛排，切片
- ⅓ 杯藍鄉村淋醬（第 171 頁）

做法

- 在一個不鏽鋼大盆裡放入菲力牛排以外的所有食材，淋上醬汁，使用夾子翻攪均勻。
- 將食材移至食用碗中，鋪上切片的菲力牛排。趁熱享用。

ceviche Salad

萊姆醃漬
生魚片沙拉

。 1人份 。

在二〇一七年的夏天，我們受邀前往魁北克東部城鎮的巴尼亞 Spa（Balnea Spa）
參加「夏日主廚大對決」的活動。
這是一個位於私人湖泊之上的天然療癒中心，有熱水浴、按摩池、桑拿浴和幫助你放鬆的各種設施。
共有十五間餐廳和廚師參加，輪流在每個星期天創作一道「Spa 沙拉」，
並由巴尼亞的客人投票選出自己最喜歡的。我們跟餐廳主廚拉克蘭・麥吉利夫雷密切合作，
研發出一道以曼蒂最愛的口味發想製成的絕佳生魚片沙拉。我們之後還是繼續稱之為「Spa 沙拉」，
因為我們跟團隊一起在巴尼亞那個美妙的夏日星期天製作這道精彩的沙拉時，
度過了非常好玩的時光，之後還泡了熱水澡、到湖邊跳水。
那年夏天，我們也在蒙特婁老城區分店獨家供應這道沙拉。

食材

- 2 杯綜合嫩葉生菜
- ½ 杯米線（第 201 頁）
- 110 克醃漬生魚片（第 132 頁）
- 2 大匙紅椒丁
- ½ 杯烤醃製玉米筍（第 132 頁）
- ½ 顆酪梨，切丁（可省略）
- ¼ 杯鳳梨花生漬物（第 133 頁）
- 5-6 片香蕉脆片（第 133 頁）
- 2 大匙撕碎的泰國羅勒
- 2 大匙撕碎的薄荷
- 2 大匙撕碎的香菜
- ⅓ 杯花生芝麻淋醬（第 161 頁）

做法

- 把生菜放在碗中，鋪上米線，淋上花生芝麻醬汁，翻攪均勻。
- 生魚片瀝乾，量出½杯份量的魚肉，跟紅椒丁拌勻，放入碗內。
- 擺上玉米筍、酪梨、鳳梨漬物和香蕉脆片，灑上大量泰國羅勒、薄荷和香菜後即可享用。

醃漬生魚片

4 份

食材

∘ 450g 白肉海水魚（如石斑魚、比目魚、紅笛鯛、海鱸魚等），切成約 1cm 大小的丁狀

∘ 6 瓣蒜頭

∘ 3 大匙大略切過的薑

∘ ½ 杯壓實的香菜

∘ 1 又 ½ 杯新鮮現榨的萊姆汁（約 15 顆萊姆）

∘ 1 大匙魚露

∘ 1 大匙參峇辣椒醬

∘ 1 大匙麻油

∘ 1 大匙細海鹽

做法

∘ 把魚丁放入玻璃容器或碗裡。

∘ 把蒜頭、薑、香菜、萊姆汁、魚露、參峇辣椒醬、麻油和細海鹽放入果汁機中，使用中高速攪打10-15秒，將大部分食材打得滑順均勻。必要時，停機，用刮刀把容器側邊的殘渣刮下之後再攪打。

∘ 將醃醬倒在魚丁上，蓋上蓋子，冷藏2小時再使用。醃漬生魚片可冷藏保存24個小時。

備註：使用越新鮮的魚越好，並在購買當天進行醃漬，醃漬生魚片最好也在同一天食用。因此，假如你只是要做這道沙拉給自己吃，可以事先調好醃料，醃漬少量的魚就好（我們建議每人110g左右，甚至再少一點）。醃料的部分也可以少量製作，將所有食材除以三，變成：2瓣蒜頭、1大匙薑、1/6杯香菜、½杯萊姆汁以及各1小匙的魚露、參峇辣椒醬、麻油和細海鹽。

烤醃製玉米筍

4 份

食材

∘ ½ 杯椰奶

∘ ¼ 杯溜醬油

∘ ¼ 杯紅糖

∘ 2 大匙魚露

∘ 1 大匙萊姆汁

∘ 400g 瀝乾水分並沖洗過的罐頭有機玉米筍

做法

∘ 烤箱預熱190℃。

∘ 把椰奶、溜醬油、紅糖、魚露和萊姆汁放入碗中混合均勻。倒入玉米筍，攪拌均勻。鋪在烤盤上。

∘ 烘烤20分鐘，直到醬汁變得濃稠，玉米筍開始變成金黃色。靜置放涼。放入密封容器冰起來，要用時再拿出來。

鳳梨花生漬物

1 杯（4 份）

食材

辣椒醬

- 1 杯砂糖
- 1 杯白醋
- 10 瓣蒜頭，切末
- 2 小匙七味唐辛子
- 2 小匙紅椒片
- 2 小匙細海鹽

鳳梨花生漬物

- ¼ 顆新鮮鳳梨，去芯切丁
- 1 杯烤花生
- 3 瓣蒜頭，切末
- 1 大匙撕碎的香菜
- 2 大匙辣椒醬（參見上方）
- ½ 小匙細海鹽

做法

- 製作辣椒醬：將糖、醋、蒜頭、七味唐辛子、紅椒片和鹽放進湯鍋中，開中火煮滾。滾煮2分鐘左右，攪拌使糖溶解。

- 離火，靜置放涼。放入密封容器中冰起來，要用時再拿出來。辣椒醬可冷藏保存7天。

- 製作漬物：把鳳梨、花生、蒜頭、香菜、辣椒醬和鹽放入碗中混合均勻。放入密封容器中冰起來，要用時再拿出來。這款漬物可冷藏保存7天。

香蕉脆片

4 份

你會需要

- 油炸溫度計或探針溫度計

食材

- 4 杯酪梨油
- 2 根沒熟的香蕉，去皮，斜切成薄片（1.5mm）
- 細海鹽

做法

- 烤盤上鋪紙巾。

- 把油倒入大的荷蘭鍋裡，開中大火，將油加熱到160℃。慢慢倒入一半的香蕉片，使用漏勺或漏網攪拌，炸到香蕉片呈現淡金褐色，約5-7分鐘。隨時調整火力，讓油溫保持在150-160℃之間。

- 使用漏勺或漏網把炸好的香蕉脆片放在烤盤上，稍微灑一點鹽。剩下一半的香蕉片重複前面的步驟。

- 炸好的香蕉脆片可放在密封容器中室溫保存7天。

Souvlaki Salad

希臘烤肉沙拉

。1人份。

曼蒂｜小時候，我們的家庭和城市有很強大的棒球文化——
蒙特婁世博會隊（Montreal Expos）對許多蒙特婁人來說就是兒時暑假的同義詞。
不過，這到底跟希臘烤肉有什麼關係呢？是這樣的，我最要好的朋友阿妮卡（Anika），
她爸爸每一場世博會球賽都有包廂座位。我跟阿妮卡會盡可能去觀看每一場。
每次，我們都會買 Kojax（一間希臘速食）的希臘烤肉，
配上一大坨希臘黃瓜優格醬和外酥內軟的鹹香薯條一起吃，然後邊看比賽邊大吼大叫。
蒙特婁的希臘社群和飲食文化非常有活力，
雖然現在已經沒有蒙特婁世博會這支球隊了，但還是有一大堆希臘餐廳！
我們希望重現當年我所喜愛的經典希臘烤肉，因此創造了這道沙拉。

食材

- 2 杯切絲的結球萵苣
- 2 杯切好的蘿蔓生菜
- ¼ 杯切對半的小番茄
- ¼ 杯小黃瓜丁
- ¼ 杯去籽的卡拉馬塔橄欖
- ¼ 杯菲塔乳酪丁

- 2 大匙蒔蘿
- 2 大匙紫洋蔥丁
- ½ 杯濃郁奧勒岡雞（第 147 頁）
- ¼ 杯自製蒜味百里香口袋餅脆片（第 150 頁）
- ⅓ 杯濃郁希臘淋醬（第 169 頁）

做法

- 在一個不鏽鋼大盆裡放入雞肉和口袋餅脆片以外的所有食材，淋上醬汁，使用
  夾子翻攪均勻。
- 最後把雞肉和口袋餅脆片放在最上面，即可享用。

蒙特婁旅遊提點

如果你在秋季造訪可愛的魁北克，可以朝聖我們的同胞、加拿大知名主廚馬丁・皮卡德（Martin Picard）位於米拉貝爾（Mirabel）的楓糖小屋（cabane à sucre）附近的一座果園。他研發了一份以蘋果為主題的出色食譜，包括貝殼麵佐蘋果、黏蜜蘋果太妃布丁、蘋果舒芙蕾、蘋果雪酪等，把當地的眾多蘋果品種帶到更高檔的層次。不過，別擔心，在沙拉裡加幾片蘋果也是個很棒的開始喔！

• 沃爾夫家族自1972年以來就擁有的小木屋 •

September Salad
九月沙拉

。 1人份 。

在蒙特婁的我們，很幸運能生活在蘋果產區，每年九月，這裡就開始迎接蘋果季：
榨蘋果汁、烤蘋果派，當然還有最簡單的——把蘋果加進沙拉。
我們很喜歡將清脆酸甜的魁北克蘋果及帶有胡椒味的野生芝麻菜，融合在一起。

食材

- 1 杯切片大蔥
- 1 杯切片茴香
- 1 杯橄欖油
- 1 小匙細海鹽
- 1 小匙新鮮現磨的黑胡椒粒
- ¼ 杯檸檬汁
- 2 顆旭蘋果，去籽、削皮、切丁
- 1 杯藜麥（第 201 頁）
- 1 杯削片的帕瑪森乳酪

- 1 杯葡萄，切對半
- ½ 杯烤松子
- ½ 杯削皮切片的西洋芹
- 1 杯野生芝麻菜
- 1 杯綜合嫩葉生菜
- 1 杯切好的蘿蔓生菜
- 1 杯嫩葉菊苣葉
- ⅓ 杯曼蒂沙拉廚房淋醬（第 155 頁）

做法

- 烤箱預熱190℃。
- 把大蔥、茴香、橄欖油、鹽和胡椒放入碗中翻攪均勻後，鋪在烤盤上，烘烤至金褐色，約20分鐘。取出烤箱，淋上檸檬汁。放涼到室溫。
- 在一個不鏽鋼大盆裡放入烤好的大蔥和茴香、蘋果、藜麥、帕瑪森乳酪、葡萄、松子、西洋芹和各種生菜，淋上醬汁，使用夾子翻攪均勻後即可享用。

我們姊妹倆和
弟弟喬許

洛利耶街分店

沙拉配料

以下收錄的食譜幾乎可以加在本書的每一道沙拉裡，
增添一點飽足感或酥脆感。

素雞肉

2 杯（4 份）

食材

- 1 塊 400g 板豆腐，未開封
- 2 大匙溜醬油
- 2 大匙營養酵母
- 1 小匙細海鹽
- ½ 小匙新鮮現磨的黑胡椒粒
- 2 大匙酪梨油

曼蒂｜我於一九九九年到二〇〇〇年間在越南四處旅行時，對佛教文化的普及和其對越南料理的影響感到非常驚奇。在那之前，我從來沒吃過任何素鴨、素牛排、素雞或素蝦之類的東西，因此我真是大開眼界！當時，我嚴格實行素食主義，常常碰巧撞見一些有供應完美純素肉的迷你無名路邊小店。可以去發掘、品嚐這些食物，非常令人感到興奮。我們實驗研發了自己的變化版本，提供給渴望肉類口感和額外素食蛋白質的朋友們。

做法

- 將未開封的板豆腐連同包裝一起放進冷凍庫，冰24小時或更久的時間。
- 將豆腐放在室溫解凍，使它變得濕軟，約3個小時。這有助於豆腐維持形狀。
- 打開包裝，在水槽中瀝乾豆腐出的水，使用雙手擠出多餘的水分。接著，在大碗上用手將豆腐掰成適口大小的小塊（不要大於2.5cm）。
- 把豆腐塊跟溜醬油、營養酵母、鹽和胡椒一起翻攪。
- 開中火加熱倒入大平底鍋裡的油。放入豆腐，一邊不時攪拌，一邊煎至金褐色，約5分鐘。
- 離火放涼。素雞肉可放在密封容器中冷藏保存7天。

烤醃製天貝

2 杯（4 份）

食材

- 1 塊 240g 天貝
- 3 大匙細滑花生醬
- 3 大匙楓糖漿
- 2 大匙米酒醋
- 2 大匙溜醬油
- 1 大匙麻油
- 1 撮紅辣椒片

假如你吃素，或者純粹想找尋無肉的餐點選項，可能會覺得豆腐已經吃膩了。將偉大的黃豆進行發酵、變得比豆腐更像肉（我們可以這樣說嗎？）的天貝登場！試試這道醃製版，我們保證你一定愛吃。關鍵在於醃製、烘烤天貝前要先燙過，否則醃料無法滲透到蛋白質裡，吃起來就會有一點發酵的怪味。

做法

- 煮開一鍋水，火力轉小，讓天貝在微滾的狀態下煮到軟，約20分鐘。瀝乾，靜置放涼，接著切成約1cm的丁狀。

- 把花生醬、楓糖漿、醋、溜醬油、麻油和紅辣椒片放入碗中攪拌均勻。拌入天貝丁。放進可密封的袋子中，冷藏24小時。

- 烤箱預熱220℃。

- 將天貝丁鋪在烤盤上，瀝掉多餘的醃料。烘烤5分鐘。用鍋鏟翻動後放回烤箱續烤5-7分鐘，直到變得酥脆金褐。

- 放在室溫靜置放涼。放入密封容器冰起來，要用時再拿出來。

備註：很多人對花生醬過敏，所以把這道花生醬天貝加進任何沙拉之前，請再三確定食用者沒有過敏問題。

地中海烤鮭魚

450g（4 份）

食材

- ⅓ 杯大略切過的日曬番茄乾
- ½ 杯蒔蘿
- 2 大匙紫洋蔥丁
- 1 大匙醃酸豆
- 1 小匙第戎芥末
- 1 顆檸檬的皮和汁
- 1 大匙巴薩米克醋
- 1 小匙細海鹽
- 3 大匙橄欖油
- 450g 有機鮭魚片（我們用的是大西洋鮭），中段部位，保留魚皮

做法

- 製作鮭魚醃料：把鮭魚以外的所有食材放入果汁機，使用瞬間加速攪打成濃稠滑順的糊狀。
- 把醃醬裹滿整片鮭魚，冷藏2小時以上。
- 烤箱預熱190℃。
- 將醃好的鮭魚放在鋪有烘焙紙的烤盤上，烘烤25分鐘，直到魚肉看起來變硬但仍多汁，或直到魚肉最厚部位的內部溫度達到62℃（使用專門測量食物溫度的探針溫度計）。
- 置於室溫放涼，接著放進密封容器中冷藏。烤鮭魚可冷藏保存5天。

備註：這份食譜可以做出4份鮭魚，若想做到6份，請使用675g的鮭魚和相同份量的醃醬，並將烘烤時間延長7分鐘左右。

炙燒菲力牛排

4 人份

食材

- 565g 菲力牛排，切成三塊，厚 2.5cm
- 細海鹽和新鮮現磨的黑胡椒粒
- 2 大匙無鹽奶油
- 2 大匙橄欖油

做法

- 用鹽巴、胡椒充分調味牛肉。
- 在一個大煎鍋裡加熱奶油和橄欖油，直到油冒泡並散發光澤。用中大火炙燒牛排，煎2分鐘，翻面續煎。要一分熟便續煎3分鐘（或是溫度計達49℃）、要三分熟便續煎6分鐘（54℃）、要五分熟便續煎7分鐘（60℃）。
- 靜置5分鐘再切片。每份菲力牛排沙拉使用¼份量的肉片。若只做一份沙拉，剩下的肉可放在密封容器中冷藏保存5天。

烤地瓜

1 又 ½ 杯地瓜丁 (6 份)

食材

- 450g 地瓜
- 1 大匙橄欖油

做法

- 烤箱預熱190℃。地瓜縱切對半，切面塗上橄欖油，接著朝下放在小烤盤上。
- 烘烤35-40分鐘，烤到使用小刀刺進去時，感覺地瓜肉變軟但不糊爛。
- 將地瓜從烤箱中取出，靜置放涼。撕下地瓜皮，將地瓜切成約1cm的丁狀。地瓜丁可放在密封容器中冷藏保存5天。

雞嗉醬*

2½ 杯 (5 份)

食材

- 4 顆牛番茄, 切半、去芯、去籽、切丁
- ½ 杯紫洋蔥丁
- ⅓ 杯墨西哥辣椒丁
- ⅓ 杯撕碎的香菜
- 3 大匙萊姆汁
- 1 小匙細海鹽

做法

- 把番茄、紫洋蔥、辣椒、香菜、萊姆汁和鹽放入碗中混合均勻。根據個人口味調整鹽巴和萊姆汁。
- 放入密封容器冰起來，要用時再拿出來。可保存5天。

---

* 譯註：一種墨西哥式的莎莎醬。

泰式雞絲

4 杯 (6 份)

食材

- 2 大匙紅糖
- 1 大匙薑末
- 1 大匙溜醬油
- 1 小匙魚露
- ¼ 小匙新鮮現磨的黑胡椒粒
- 1 大匙葡萄籽油
- 1 小匙麻油
- 675g 雞胸肉

做法

- 把紅糖、薑末、溜醬油、魚露、胡椒、葡萄籽油和麻油放入大碗中，使用打蛋器攪拌均勻。
- 把雞肉放入可密封的袋子中，倒入醃料。封口，將空氣擠出來，冷藏至少2小時。
- 烤箱預熱190℃。
- 把雞肉放在鋪有烘焙紙的烤盤上，烤到探針溫度計顯示內部溫度達74℃以上，約30分鐘。
- 置於烤架上放涼。使用兩個叉子將雞肉掰成適口大小。烤好的雞肉可放在密封容器中冷藏保存5天。

迷迭香辣味堅果

4 杯（16 份）

食材

- ¾ 杯胡桃
- ¾ 杯核桃
- 1 杯腰果
- 1 杯杏仁
- 2 大匙橄欖油
- 2 枝迷迭香，葉子切末
- ½ 小匙紐奧良綜合香料（第 149 頁）
- ½ 小匙紅辣椒片
- 2 小匙紅糖
- 1 小匙細海鹽

做法

- 烤箱預熱175℃。
- 把胡桃、核桃、腰果、杏仁、橄欖油、迷迭香、紐奧良綜合香料、紅辣椒片、糖和鹽放入大碗中混合，讓堅果均勻沾裹調味料。
- 把堅果鋪在大烤盤上，烘烤12分鐘至金褐色，中途要取出烤盤，翻動堅果。放涼到室溫後，再放入密封容器中，置於陰涼處可保存2個月。

濃郁奧勒岡雞

1 又 ½ - 2 杯（3-4 份）

食材

- 1 又 ½ 杯烤雞胸（第 149 頁）
- ¼ 杯原味希臘優格
- ¼ 杯美乃滋
- 2 小匙奧勒岡末
- 1 小匙蒜末
- 細海鹽和新鮮現磨的黑胡椒粒

做法

- 把雞胸肉放入大碗中，跟優格、美乃滋、奧勒岡和蒜末混合，翻攪沾裹均勻後，依個人口味用鹽巴、胡椒調味。

烤滷豆腐

2 杯豆腐丁（4 份）

食材

- 3 大匙酪梨油
- 2 大匙白味噌
- 2 大匙溜醬油
- 2 大匙米酒醋
- 2 大匙萊姆汁
- 2 大匙楓糖漿
- 1 大匙檸檬汁
- 1 大匙蒜末
- 1 大匙薑末
- 2 小匙是拉差香甜辣椒醬
- 2 小匙參峇辣椒醬
- 1 塊 400g 板豆腐，切成約 1cm 的丁狀

豆腐的中性味道很不利，單純食用的話大概很難在口味方面贏得金牌。然而，從另一方面來看，豆腐卻很會吸收其他味道。我們在這份食譜中，便把豆腐浸泡在各種甜、鹹、柑橘味道的食材裡，保證它會成為世界冠軍。

做法

- 把油、味噌、溜醬油、醋、萊姆汁、楓糖漿、檸檬汁、蒜、薑、是拉差香甜辣椒醬和參峇辣椒醬放入碗中混合均勻。

- 把豆腐丁放入大的密封袋中，倒入醃料。封口，將空氣擠出來，確定所有豆腐丁都有沾裹醃料。冷藏一晚或24個小時。

- 烤箱預熱220℃。

- 把豆腐丁多餘的醃料倒掉，放在大烤盤上（不用鋪烘焙紙）攤開，烘烤5分鐘。取出烤箱，翻動豆腐丁，續烤5分鐘。再次翻動豆腐丁，最後續烤3分鐘，直到所有豆腐丁都變得酥脆金褐後靜置一旁。完全放涼後，放入密封容器冰起來，要用時再拿出來。可保存5天。

備註：豆腐要滷一整晚以上，請事先做好時間規劃。

半熟蛋

1 顆

食材

- 1 顆蛋

做法

- 把蛋放進小湯鍋中，以冷水覆蓋。煮到大滾。離火，蓋上鍋蓋，靜置8-10分鐘。倒掉熱水，用冷水沖到蛋恢復室溫，約2分鐘。蛋黃不會百分之百熟透，因此帶有滑順綿密的口感。

烤雞胸

1 又 ½ 杯雞丁（6 份）

食材

- ◦ 1 大塊（280g）去皮去骨雞胸肉
- ◦ 1 大匙橄欖油
- ◦ 1 小匙蒙特婁牛排調味料或你喜歡的牛排調味料

備註：這份食譜夠6份沙拉使用。牛排調味料的部分，我們喜歡用Joe Beef Butcher's Blend。

剛開始經營沙拉店時，我們沒在店裡烤雞肉（而是在公寓裡）。我們嘗試了很多不同的味道組合，但很快便發覺我們只要可口多汁的單一標準中性味道就夠了。因此，我們用猶太鹽、爆裂胡椒籽、脫水蒜頭和甜椒進行超級簡單的乾抹調味。然後，我們意識到這其實根本就是……牛排調味料嘛！所以，現在我們都用本地傳奇餐廳Joe Beef的牛排調味料（加拿大到處都買得到）。這道烤雞胸非常好用，可以冰在冰箱，隨時用來添加在當週的任何一款沙拉中享用。

做法

- ◦ 烤箱預熱200℃。
- ◦ 把橄欖油和調味料抹在雞胸肉上，放在鋪有烘焙紙的小烤盤，烤到探針溫度計顯示內部溫度達74℃，約25分鐘。
- ◦ 靜置放涼，接著切成約1cm的丁狀。可放在密封容器中冷藏保存5天。

紐奧良綜合香料

½ 杯

食材

- ◦ 2 大匙又 2 小匙鹽
- ◦ 1 大匙卡宴辣椒粉
- ◦ 1 大匙蒜粉
- ◦ 1 大匙匈牙利紅椒粉
- ◦ 1 小匙洋蔥粉
- ◦ 1 小匙乾燥奧勒岡末
- ◦ 1 小匙乾燥百里香末
- ◦ 1 小匙新鮮現磨的黑胡椒粒

這款香料可以為素雞肉（第142頁）和烤滷豆腐（第148頁）調味，也能應用在迷迭香辣味堅果（第147頁）、紐奧良綜合香料鮮蝦沙拉（第113頁）以及我們的自製口袋餅脆片（第150頁）。

做法

- ◦ 把所有食材放入小碗中混合均勻，接著放入密封容器，要用時再拿出來。這款綜合香料置於陰涼處可保存3個月。

自製口袋餅脆片

4 杯（8 份）

食材

- 2 張直徑 15cm 的薄口袋餅
- 3 大匙橄欖油
- 細海鹽和新鮮現磨的黑胡椒粒

這是我們的萬能卡滋零嘴。你可以在以下沙拉品項中找到它：柯布沙拉（第87頁）、嗜愛沙拉（第55頁）、貝兒沙拉（第48頁）、R&D獨門沙拉（第52頁）、伐木工沙拉（第59頁）……任何沙拉只要有用到酪梨，或者能夠輕易被脆片吸收的淋醬，都很適合添加口袋餅脆片。當然，你甚至不需要拿它搭配沙拉，單吃就可以了！

做法

- 烤箱預熱190℃。烤盤鋪上烘焙紙。
- 在砧板上把口袋餅切成8塊，接著再把每一塊從中間撕開，變成兩個三角形。
- 用橄欖油塗抹每一個三角形的兩面，接著排在烤盤上。排得很靠近沒有關係。用鹽巴、胡椒充分調味。
- 烘烤5-6分鐘，從烤箱中取出，翻動口袋餅，續烤5分鐘，直到金黃酥脆。靜置到完全放涼。口袋餅脆片可放在密封容器中保存7天。

變化版：自製蒜味百里香口袋餅脆片

- 依循上述步驟進行，但是除了鹽巴、胡椒，另外將1大匙的蒜粉和1大匙的乾燥百里香末灑在口袋餅上。

酥脆拉麵

1 又 ¼ 杯（約 4 份）

食材

- 1 包 100g 的拉麵泡麵
- 1 大匙酪梨油

做法

- 把乾燥的拉麵泡麵放入密封袋中，用擀麵棍或湯鍋把它碾成小塊。
- 在一個大煎鍋裡倒入酪梨油，用中火翻炒拉麵塊約3分鐘，直到變得金黃酥脆。放在鋪有紙巾的盤子中放涼。
- 這款酥脆的配料可無限期放在密封容器中室溫保存。

紅蔥酥

1 又 ½ 杯（12 份）

食材

- 225g（約 6 顆）大型紅蔥頭*
- 4 杯酪梨油

我們會把紅蔥酥運用在任何適合增添一點甜味和酥脆口感的食譜。這是在我們的廚房中常見的備料！

做法

- 紅蔥頭去皮，使用削片器或銳利的刀切成極薄的輪片狀。

- 將紅蔥頭和酪梨油倒入厚底深鍋或小荷蘭鍋裡。

- 開中大火熱油。經過3-4分鐘後，油會開始冒泡，因為紅蔥頭正在釋出水分。轉中火，偶爾攪拌，炸到紅蔥頭變成金褐色，不再冒泡，約8分鐘。

- 放在鋪有紙巾的盤子中瀝油。紅蔥頭放涼後會變酥脆，可放在密封容器中室溫保存7天。

---

* 譯註：國外常見大型的紅蔥頭，但台灣的紅蔥頭跟蒜頭大小差不多。若找不到大型紅蔥頭，使用一般熟悉的紅蔥頭秤出食譜需要的重量即可。

曼蒂的酪梨醬

4-6 人份沾醬

食材

- 4 顆酪梨，壓泥
- ½ 杯撕碎的香菜
- ½ 杯紅椒丁
- 2 大匙萊姆汁
- 1 小匙洋蔥粉
- 1 小匙細海鹽
- ½ 小匙新鮮現磨的黑胡椒粒
- ¼ 小匙卡宴辣椒粉
- 1 大匙香菜，裝飾用

這份食譜運用了沒有辦法做成沙拉配料的酪梨。每一天，我們的每一家分店都會收到好幾百顆新鮮酪梨。要掌握酪梨的成熟度並非易事，我想讀者在處理自己的超市食材時應該也能感同身受。你也知道，適合做酪梨醬的酪梨不適合用在沙拉裡，所以遇到過熟的酪梨，我們有一個完美的零浪費解決方案，那就是把它變成酪梨醬！我們會在有機的藍色墨西哥玉米片、自製口袋餅脆片提供酪梨醬（第150頁）、烤雞胸（第149頁）和素雞肉（第142頁）等餐點中附上酪梨醬。

做法

- 在碗裡放入最後那1大匙香菜以外的所有食材，混合均勻。根據個人口味調整味道，最後用香菜裝飾。

溜醬油淋醬（第 155 頁）

Dressings
風味百變各色淋醬

° CHAPTER THREE °

梅莉迪絲的心聲

跟「曼蒂沙拉」合作這本書完全顛覆了我的淋醬世界。我開始會買醬料瓶、我買了藍色的紙膠帶和簽字筆、我開始在醬料瓶上標註淋醬製作的日期。冰箱裡的淋醬讓我想做更多沙拉來吃，還有穀物碗，還有義大利熟食肉片做成的三明治——純粹為了使用我的淋醬——它們是料理的啟發，也是料理的藉口。就好像在餐廳裡備料一樣，手邊只要有幾罐淋醬，準備剩下的沙拉食材其實不太需要用大腦就能自動完成（但也不要完全沒用大腦，拿菜刀時務必小心）。在沙拉的世界裡，搞定淋醬將會改變你的人生，養成一種習慣。是好的習慣。

曼蒂沙拉廚房淋醬

2 杯（500ml）

食材

- 2 瓣蒜頭
- 6 大匙（90ml）蘋果醋
- ¼ 杯（60ml）楓糖漿
- 1 大匙第戎芥末
- 1 又 ¼ 杯（300ml）橄欖油
- ½ 小匙鹽
- 1 又 ½ 小匙新鮮現磨的黑胡椒粒

做法

- 把蒜頭、醋、楓糖漿和芥末放入果汁機中。使用中高速攪打15-20秒至滑順均勻。必要時，停機，用刮刀把容器側邊的殘渣刮下來攪打。
- 果汁機轉低速，緩緩倒入橄欖油，打到乳化濃稠，約30秒。加入鹽巴、胡椒，根據個人口味調整鹹度。將淋醬倒入密封容器冰起來，要用時再拿出來。
- 這款淋醬可冷藏保存7天。

義大利夏日淋醬

2 杯（500ml）

食材

- 1 又 ½ 杯（375ml）橄欖油
- ½ 杯（125ml）高品質巴薩米克醋
- 1 大匙馬爾頓海鹽
- 1 小匙新鮮現磨的黑胡椒粒

做法

- 把所有食材放入罐子裡，蓋起來搖一搖，混合均勻。
- 這款淋醬可放入密封容器中室溫保存7天。

溜醬油淋醬

2 杯（500ml）

食材

- 比 ⅔ 杯少一點點（155ml）的蘋果醋
- 2 大匙溜醬油
- 1 瓣蒜頭
- ½ 杯壓實（25g）的營養酵母
- 1 杯又 3 大匙（290ml）橄欖油
- 細海鹽和新鮮現磨的黑胡椒粒

做法

- 把醋、溜醬油、蒜頭和營養酵母放入果汁機中。使用中高速攪打20-30秒至滑順均勻。必要時，停機，用刮刀把容器側邊的殘渣刮下來攪打。
- 果汁機轉低速，緩緩倒入橄欖油，打到乳化濃稠，約30秒。加入鹽巴、胡椒，根據個人口味調整鹹度。將淋醬倒入密封容器冰起來，要用時再拿出來。
- 這款淋醬可冷藏保存7天。

凱撒淋醬

2 杯（500ml）

食材

- ¼ 杯（60ml）紅酒醋
- 2 大匙檸檬汁
- 6 大匙（90ml）市售美乃滋
- ½ 杯壓實（50g）的帕瑪森乳酪粉
- 2 小匙第戎芥末
- 1 瓣蒜頭
- ⅞ 杯（200ml）橄欖油
- ½ 小匙細海鹽
- 1 又 ½ 小匙新鮮現磨的黑胡椒粒

做法

- 把醋、檸檬汁、美乃滋、乳酪、芥末和蒜頭放入果汁機中。
- 使用中高速攪打15-20秒至滑順均勻。必要時，停機，用刮刀把容器側邊的殘渣刮下來攪打。
- 果汁機轉低速，緩緩倒入橄欖油，打到乳化濃稠，約30秒。加入鹽巴、胡椒，根據個人口味調整鹹度。將淋醬倒入密封容器冰起來，要用時再拿出來。
- 這款淋醬可冷藏保存7天。

_____

備註：若要製作生酮版本的凱撒淋醬，請用1顆蛋加1顆蛋黃取代美乃滋，並將橄欖油增加到1杯（250ml）。你也可以使用酪梨油取代橄欖油。

甜芝麻淋醬

2 杯（500ml）

食材

- 將近 1 杯（220ml）葵花油
- 2 大匙經過烘炒工序的麻油
- 1 杯（250ml）甜芝麻糖漿（參見下方）

做法

- 將葵花油、麻油和甜芝麻糖漿倒入大碗中，攪打成均質狀態。將淋醬倒入密封容器冷藏。
- 這款淋醬可冷藏保存7天。

_____

備註：我們的老顧客可能會記得一款「亞洲淋醬」，但現在它改名為甜芝麻淋醬了。

甜芝麻糖漿

1 又 ¼ 杯（300ml）

食材

- ¾ 杯（180ml）龍舌蘭糖漿
- ½ 杯（125ml）蘋果醋
- 3 大匙溜醬油

做法

- 將糖漿和醋倒進小湯鍋中，開中火，攪拌均勻，煮到小滾。離火，持續攪拌到完全均勻。
- 拌入溜醬油。這款糖漿可用在甜芝麻淋醬（參見上方）或薑味哇沙米淋醬（第169頁）。

純素凱撒淋醬

2 杯（500ml）

食材

◦ 1 杯（250g）嫩豆腐
◦ ⅓ 杯（80ml）萊姆汁
◦ ⅓ 杯（16g）營養酵母
◦ 5-6 瓣蒜頭
◦ 2 小匙芥末籽醬
◦ 2 小匙酸豆
◦ 2 小匙砂糖
◦ ⅞ 杯（200ml）橄欖油
◦ 1 小匙細海鹽
◦ ¼ 小匙新鮮現磨的黑胡椒粒

做法

◦ 把豆腐、萊姆汁、營養酵母、蒜頭、芥末籽醬、酸豆、砂糖和橄欖油放入果汁機中。使用中高速攪打20-30秒至滑順均勻。加入鹽巴、胡椒，根據個人口味調整鹹度。將淋醬倒入密封容器冰起來，要用時再拿出來。

◦ 這款淋醬可冷藏保存7天。

薑黃中東芝麻淋醬

2 杯（500ml）

食材

◦ ⅓ 杯（80g）中東芝麻醬
◦ ½ 杯（125ml）水
◦ ¼ 杯（60ml）蘋果醋
◦ 1 顆檸檬的汁，有需要可再增加
◦ 1 大匙薑黃粉
◦ 2 瓣蒜頭
◦ ½ 小匙經過烘炒工序的麻油
◦ ⅓ 杯壓實（8g）的平葉巴西利
◦ ⅞ 杯（200ml）橄欖油
◦ ½ 小匙細海鹽
◦ ¼ 小匙新鮮現磨的黑胡椒粒

做法

◦ 把芝麻醬、水、醋、檸檬汁、薑黃粉、蒜頭、麻油和巴西利放入果汁機中。使用中高速攪打20-30秒至滑順均勻。必要時，停機，用刮刀把容器側邊的殘渣刮下來攪打。

◦ 果汁機轉低速，緩緩倒入橄欖油，打到乳化濃稠，約30秒。可加水調整濃稠度。加入鹽巴、胡椒，根據個人口味調整鹹度，需要時也可多加檸檬汁。將淋醬倒入密封容器冰起來，要用時再拿出來。

◦ 這款淋醬可冷藏保存7天。

綠色女神淋醬

1 杯（250ml）

食材

- 2 大匙大略切過的蔥（蔥白部分）
- ¼ 杯壓實（15g）的羅勒
- ½ 杯壓實（10g）的平葉巴西利
- ¼ 杯鬆散（2g）的龍蒿
- ¼ 杯（60ml）蘋果醋
- 1 小匙第戎芥末
- ½ 杯（125ml）橄欖油
- ½ 小匙細海鹽
- ¼ 小匙新鮮現磨的黑胡椒粒

做法

- 把蔥、羅勒、巴西利、龍蒿、醋和芥末放入果汁機中。
- 使用中高速攪打15-20秒至香草變成細末、食材混合均勻。必要時，停機，用刮刀把容器側邊的殘渣刮下來攪打。
- 果汁機轉低速，緩緩倒入橄欖油，打到乳化濃稠，約30秒。加入鹽巴、胡椒，根據個人口味調整鹹度。將淋醬倒入密封容器冰起來，要用時再拿出來。
- 這款淋醬可冷藏保存3天。

狂野女神淋醬

1 杯（250ml）

食材

- ½ 杯（125ml）綠色女神淋醬（參見上方）
- ½ 杯（125ml）野生鼠尾草淋醬（第161頁）

做法

- 把兩種淋醬放入果汁機中，攪打10秒左右至混合均勻。將淋醬倒入密封容器冰起來，要用時再拿出來。
- 這款淋醬可冷藏保存3天。

備註：如果已經事先做好這些淋醬，可能會需要搖晃一下或倒入果汁機稍微攪打一下，讓醬汁重新完全乳化，才能開始使用。

綠色力量淋醬

1 杯（250ml）

食材

- ½ 杯（125ml）綠色女神淋醬（參見上方）
- ½ 杯（125ml）溜醬油淋醬（第155頁）

做法

- 把兩種淋醬放入果汁機中，攪打10秒左右至混合均勻。將淋醬倒入密封容器冰起來，要用時再拿出來。
- 這款淋醬可冷藏保存3天。

備註：如果已經事先做好這些淋醬，可能會需要搖晃一下或倒入果汁機稍微攪打一下，讓醬汁重新完全乳化，才能開始使用。

味噌薑味淋醬

2 杯（500ml）

食材

- 1 大匙（尖匙）（25g）白味噌
- ¼ 杯（25g）大略切過的薑
- 7 大匙（105ml）米醋
- 1 顆萊姆的汁
- 1 大匙龍舌蘭糖漿
- 1 小匙紅辣椒片
- ¼ 杯（60ml）醬油
- 2 小匙經過烘炒工序的麻油
- ⅞ 杯（200ml）葵花油

做法

- 把味噌、薑、醋、萊姆汁、糖漿、紅辣椒片、醬油和麻油放入果汁機中。使用中高速攪打15-20秒至滑順均勻。必要時，停機，用刮刀把容器側邊的殘渣刮下來攪打。

- 果汁機轉低速，緩緩倒入葵花油，打到乳化濃稠，約30秒。將淋醬倒入密封容器冰起來，要用時再拿出來。

- 這款淋醬可冷藏保存7天。

甜味噌薑味淋醬

2 杯（500ml）

食材

- 1 杯（250ml）甜芝麻淋醬（第 156 頁）
- 1 杯（250ml）味噌薑味淋醬（參見上方）

做法

- 把兩種淋醬放入果汁機中，攪打10秒左右至混合均勻。將淋醬倒入密封容器冰起來，要用時再拿出來。

- 這款淋醬可冷藏保存7天。

普羅旺斯油醋淋醬

1 杯（250ml）

食材

- 8 片鯷魚片
- 2 大匙第戎芥末
- 1 小匙砂糖
- 2 顆檸檬
- 1 顆大型紅蔥頭，切末
- ½ 杯（125ml）橄欖油
- 細海鹽和新鮮現磨的黑胡椒粒

做法

- 把鯷魚、芥末和糖放入大碗中，用叉子搗成粗顆粒糊狀。

- 使用一把尖利的水果刀削掉檸檬果皮，接著在裝有鯷魚的大碗上先擠入檸檬汁，再切下個別果瓣，去掉瓣與瓣之間的薄膜不用。

- 拌入紅蔥頭，接著緩緩拌入橄欖油（檸檬瓣會開始自然迸裂）。加入鹽巴、胡椒，根據個人口味調整鹹度。

- 這款淋醬可冷藏保存7天。

香檳油醋淋醬

2 杯（500ml）

食材

- ½ 杯（125ml）香檳醋
- 3 大匙第戎芥末
- 3 大匙砂糖
- 1 又 ½ 杯橄欖油
- 1 小匙細海鹽
- ½ 小匙新鮮現磨的黑胡椒粒

做法

- 把醋、芥末和糖放入果汁機中。使用中高速攪打15-20秒至滑順均勻。必要時，停機，用刮刀把容器側邊的殘渣刮下來攪打。
- 果汁機轉低速，緩緩倒入橄欖油，打到乳化濃稠，約30秒。加入鹽巴、胡椒，根據個人口味調整鹹度。將淋醬倒入密封容器冰起來，要用時再拿出來。
- 這款淋醬可冷藏保存7天。

野生鼠尾草淋醬

1 杯（250ml）

食材

- ¼ 杯（60ml）巴薩米克醋
- 1 大匙蜂蜜
- 1 大匙第戎芥末
- 2 瓣蒜頭
- ¼ 杯（5g）鼠尾草
- ½ 杯（10g）羅勒
- 將近 ⅔ 杯（150ml）橄欖油
- ¼ 小匙細海鹽
- ½ 小匙新鮮現磨的黑胡椒粒

做法

- 把醋、蜂蜜、芥末、蒜頭、鼠尾草和羅勒放入果汁機中。使用中高速攪打20-30秒至滑順均勻。必要時，停機，用刮刀把容器側邊的殘渣刮下來攪打。
- 果汁機轉低速，緩緩倒入橄欖油，打到乳化濃稠，約30秒。加入鹽巴、胡椒，根據個人口味調整鹹度。將淋醬倒入密封容器冰起來，要用時再拿出來。
- 這款淋醬可冷藏保存3天。

花生芝麻淋醬

2 杯（500ml）

食材

- 1 大匙麻油
- 1 杯（250ml）細滑花生醬
- ¾ 杯（180ml）甜芝麻糖漿（第 156 頁）
- ¾ 杯（180ml）葵花油

做法

- 把麻油、花生醬和甜芝麻糖漿放入果汁機中，攪打15-20秒至滑順。
- 果汁機轉低速，緩緩倒入葵花油，打到乳化濃稠，約30秒。將淋醬倒入密封容器冰起來，要用時再拿出來。
- 這款淋醬可冷藏保存7天。

萊姆辣椒泰式淋醬

2 杯 (500ml)

食材

- 1 杯 (250ml) 甜芝麻淋醬 (第 156 頁)
- 3 顆萊姆汁 (100ml)
- ¼ 杯 (60ml) 參峇辣椒醬
- 1 大匙魚露
- 2 大匙龍舌蘭糖漿
- 2 瓣蒜頭
- 1 小匙醬油
- 3 大匙葵花油

做法

- 製作萊姆辣椒基底：把萊姆汁、辣椒醬、魚露、糖漿、蒜頭和醬油放入果汁機中。使用中高速攪打20-30秒至滑順均勻。必要時，停機，用刮刀把容器側邊的殘渣刮下來攪打。

- 果汁機轉低速，緩緩倒入葵花油，打到乳化濃稠，約30秒。將基底倒入密封容器，冰入冰箱，要製作萊姆辣椒泰式淋醬時再拿出來。

- 把基底和甜芝麻淋醬放入果汁機攪打10秒至均勻。將淋醬倒入密封容器冰起來，要用時再拿出來。

- 這款淋醬可冷藏保存7天。

香菜孜然淋醬

1 杯 (250ml)

食材

- 1 瓣蒜頭
- 1 大匙大略切過的紫洋蔥
- ¼ 杯 (60ml) 蘋果醋
- 1 小匙檸檬汁
- 1 小匙塔巴斯科辣椒醬
- 1 小匙孜然粉
- 1 杯壓實 (40g) 的香菜
- ½ 杯 (125ml) 橄欖油
- ½ 小匙細海鹽
- ¼ 小匙新鮮現磨的黑胡椒粒

做法

- 把蒜頭、紫洋蔥、醋、檸檬汁、辣椒醬、孜然粉和香菜放入果汁機中。使用中高速攪打10秒至香菜大略切碎。必要時，停機，用刮刀把容器側邊的殘渣刮下來攪打。

- 果汁機轉低速，緩緩倒入橄欖油，打到乳化濃稠，約30秒。加入鹽巴、胡椒，根據個人口味調整鹹度。將淋醬倒入密封容器冰起來，要用時再拿出來。

- 這款淋醬可冷藏保存3天。

蜂蜜柑橘淋醬

2 杯（500ml）

食材

- ¾ 杯（180ml）橄欖油
- ⅓ 杯又 2 大匙（100ml）蜂蜜
- ⅓ 杯又 2 大匙（100ml）檸檬汁
- ½ 杯（125ml）柳橙汁
- 1 小匙細海鹽
- ½ 小匙新鮮現磨的黑胡椒粒

做法

- 把橄欖油、蜂蜜、檸檬汁和柳橙汁放入果汁機中。使用中高速攪打5-6秒至均勻。
- 加入鹽巴、胡椒，根據個人口味調整鹹度。將淋醬倒入密封容器冰起來，要用時再拿出來。
- 這款淋醬可冷藏保存7天。

楓糖肉汁淋醬

2 杯（500ml）

食材

- 3 大匙蘋果醋
- 1 小匙蒜末
- 1 大匙芥末籽醬
- 1 又 ½ 杯（375ml）雞肉汁（第 124 頁）
- 將近 ½ 杯（100ml）橄欖油

做法

- 把醋、蒜末、芥末和雞肉汁放入果汁機中，攪打15-20秒至滑順。
- 果汁機轉低速，緩緩倒入橄欖油，打到乳化濃稠，約30秒。將淋醬倒入密封容器冰起來，要用時再拿出來。
- 這款淋醬可冷藏保存7天。

紅酒油醋淋醬

2 杯（500ml）

食材

- ⅔ 杯（160ml）紅酒醋
- 4 瓣蒜頭
- 1 大匙奧勒岡
- ¾ 杯（175ml）市售美乃滋
- ¾ 杯（175ml）橄欖油
- 1 小匙細海鹽
- ½ 小匙新鮮現磨的黑胡椒粒

做法

- 把醋、蒜頭、奧勒岡和美乃滋放入果汁機中。使用中高速攪打20-30秒至滑順均勻。果汁機轉低速，緩緩倒入橄欖油，打到乳化濃稠，約30秒。
- 加入鹽巴、胡椒，根據個人口味調整鹹度。將淋醬倒入密封容器冰起來，要用時再拿出來。
- 這款淋醬可冷藏保存7天。

備註：除了可以用在索波諾沙拉（第92頁）上，這款淋醬也很適合任何一種義大利潛艇堡三明治（我們在跟你說話，位於聖倫納德的米蘭諾咖啡廳）。

海鮮醬淋醬

2 杯（500ml）

這款淋醬使用的海鮮醬醃醬跟海鮮醬烤鴨絲沙拉（第96頁）用到的一樣，加上美乃滋做為基底，賦予它滑順綿密的口感。中式五香粉的花椒、肉桂、丁香、茴香和八角可增添風味層次。

食材

- 1 又 ⅓ 杯（320ml）美乃滋
- 3 大匙海鮮醬
- 2 大匙醬油
- 3 大匙米醋
- 1 大匙麻油
- 1 大匙海鮮醬醃醬（第 99 頁）
- 1 小匙中式五香粉
- ½ 小匙紅辣椒片
- 細海鹽和新鮮現磨的黑胡椒粒

做法

- 把所有食材放入果汁機中，使用中高速攪打15-20秒至滑順均勻。必要時，停機，用刮刀把容器側邊的殘渣刮下來攪打。加入鹽巴、胡椒，根據個人口味調整鹹度。將淋醬倒入密封容器冰起來，要用時再拿出來。

- 這款淋醬可冷藏保存7天。

莓果淋醬

1 杯（250ml）

食材

- 2 大匙（尖匙）冷凍藍莓
- 2 大匙（尖匙）冷凍覆盆子
- 2 大匙（尖匙）冷凍草莓
- 1 大匙龍舌蘭糖漿
- 1 瓣蒜頭
- 3 大匙巴薩米克醋
- 7 大匙（105ml）橄欖油
- ½ 杯（7g）羅勒
- ¼ 小匙細海鹽
- 1 撮新鮮現磨的黑胡椒粒

做法

- 把藍莓、覆盆子、草莓、糖漿、蒜頭和醋放入果汁機中，使用中高速攪打20-30秒至滑順均勻。果汁機轉低速，緩緩倒入橄欖油，打到乳化濃稠，約30秒。

- 放入羅勒、鹽巴和胡椒，攪打7-10秒至均勻。必要時，停機，用刮刀把容器側邊的殘渣刮下來攪打。根據個人口味調整調味料。將淋醬倒入密封容器冰起來，要用時再拿出來。

- 這款淋醬可冷藏保存3天。

CBD淋醬

2 杯（500ml）

食材

- ½ 杯（125ml）蘋果醋
- ¼ 杯（60ml）楓糖漿
- 1 大匙芥末籽醬
- 1 瓣蒜頭，切末或壓碎
- 1 大匙現榨檸檬汁
- 1 杯（250ml）橄欖油
- 1-2 小匙 CBD 油
- 細海鹽和新鮮現磨的黑胡椒粒

做法

- 把醋、楓糖漿、芥末、蒜頭和檸檬汁放入果汁機中，攪打10-15秒至滑順。

- 果汁機轉低速，依序緩緩倒入橄欖油和CBD油，打到乳化濃稠，約30秒。加入鹽巴、胡椒，根據個人口味調整鹹度。將淋醬倒入密封容器冰起來，要用時再拿出來。

- 這款淋醬可冷藏保存7天。

備註：這款淋醬是用在我們的金髮尤物沙拉（第102頁）中，但是如果你想感受CBD油的療癒功效，用在其他任何沙拉上也可以。如果你是第一次接觸CBD油，可以先用1小匙製作這款淋醬試試看，然後再慢慢追加到2小匙。

日曬番茄乾淋醬

2 杯（500ml）

食材

- 2 小匙第戎芥末
- 5 大匙（75ml）摩德納巴薩米克醋
- ½ 杯（125ml）水
- 1 大匙大略切過的紫洋蔥
- ¼ 杯（6g）羅勒
- ½ 杯（75g）日曬番茄乾，大略切過
- ¾ 杯又 1 大匙（190ml）橄欖油
- 1 小匙細海鹽
- ¾ 小匙新鮮現磨的黑胡椒粒

做法

- 把芥末、醋、水、紫洋蔥、羅勒和番茄乾放入果汁機中，使用中高速攪打20-30秒至滑順均勻。必要時，停機，用刮刀把容器側邊的殘渣刮下來攪打。

- 果汁機轉低速，緩緩倒入橄欖油，打到乳化濃稠，約30秒。加入鹽巴、胡椒，根據個人口味調整鹹度。將淋醬倒入密封容器冰起來，要用時再拿出來。

- 這款淋醬可冷藏保存7天。

備註：我們比較喜歡使用油漬的日曬番茄乾，秤量前別忘了把油瀝乾。

瘋薄荷淋醬

2 杯（500ml）

食材

○ ¼ 杯（60ml）蘋果醋
○ 2 大匙龍舌蘭糖漿
○ 1 小匙第戎芥末
○ 1 顆萊姆的皮和汁
○ 1 瓣蒜頭
○ ¼ 杯（5g）薄荷
○ 1 杯（250ml）橄欖油
○ 1 小匙細海鹽
○ ½ 小匙新鮮現磨的黑胡椒粒

做法

○ 把醋、糖漿、芥末、萊姆的皮和汁、蒜頭和薄荷放入果汁機中，使用中高速攪打15-20秒至滑順均勻。必要時，停機，用刮刀把容器側邊的殘渣刮下來攪打。

○ 果汁機轉低速，緩緩倒入橄欖油，打到乳化濃稠，約30秒。加入鹽巴、胡椒，根據個人口味調整鹹度。將淋醬倒入密封容器冰起來，要用時再拿出來。

○ 這款淋醬可冷藏保存3天。

永恆夏日淋醬

2 杯（500ml）

食材

○ 1 杯（250ml）味噌薑味淋醬（第 160 頁）
○ 1 杯（250ml）溜醬油淋醬（第 155 頁）

做法

○ 把兩種淋醬放入果汁機中，攪打10秒左右至混合均勻。將淋醬倒入密封容器冰起來，要用時再拿出來。

○ 這款淋醬可冷藏保存7天。

備註：如果已經事先做好這些淋醬，可能會需要搖晃一下或倒入果汁機稍微攪打一下，讓醬汁重新完全乳化，才能開始使用。

經典巴薩米克淋醬

2 杯（500ml）

食材

○ ½ 杯（125ml）巴薩米克醋
○ 2 大匙蜂蜜
○ 2 小匙第戎芥末
○ 1 又 ⅓ 杯（325ml）橄欖油
○ ¼ 小匙細海鹽
○ ¼ 小匙新鮮現磨的黑胡椒粒

做法

○ 把醋、蜂蜜、芥末和橄欖油放入果汁機中，使用中高速攪打5-6秒至滑順均勻。小心不要攪打過頭，否則會變得太濃稠！

○ 加入鹽巴、胡椒，根據個人口味調整鹹度。將淋醬倒入密封容器冰起來，要用時再拿出來。

○ 這款淋醬可冷藏保存7天。

ÉPICERIE PUMPUI淋醬

剛好 1 杯又多一點的份量（260ml）

食材

- 1 塊椰糖方塊，約 1 大匙
- 7 大匙（105ml）臭醃魚醬*
- 7 大匙（105ml）萊姆汁
- 7 小匙（35ml）魚露

---

* 譯註：臭醃魚醬（pla ra）是泰國東部依善地區的傳統料理經常使用到的一種醬料，將魚、米糠、鹽巴一起醃製至少6個月而成，跟魚露相比，質地濃稠、氣味強烈許多。

做法

- 把一塊硬邦邦的椰糖放在碗中，以冰水覆蓋，靜置15分鐘，讓它稍微軟化。瀝乾水分。加入 1小匙溫水，蓋上保鮮膜，微波1分鐘。打開保鮮膜，用湯匙將融化的椰糖拌勻。

- 把臭醃魚醬、萊姆汁和魚露放入小碗。加入4 小匙融化椰糖，其餘不用。攪拌均勻，冰入冰箱，要用時再拿出來。

- 這款淋醬可放在密封容器中保存7天。

備註：椰糖和臭醃魚醬都可以在超市找到。臭醃魚醬有罐裝的形式。我們喜歡使用潘泰諾華星牌（Pantainorasingh）。

青醬淋醬

1 杯（250ml）

食材

- ½ 杯（7g）羅勒
- 1 杯（14g）平葉巴西利
- 1 小匙大略切過的紫洋蔥
- 1 瓣蒜頭
- ¼ 杯（20g）削片的帕瑪森乳酪
- ⅓ 杯（80ml）橄欖油
- ¼ 小匙細海鹽
- ¼ 小匙新鮮現磨的黑胡椒粒
- 將近 ½ 杯（115ml）的凱撒淋醬（第 156 頁）
- 2 小匙（10ml）Smoke Show 牌微燻墨西哥辣椒醬（lightly smoked jalapeño hot sauce）

做法

- 製作青醬基底：把羅勒、巴西利、紫洋蔥、蒜頭、乳酪和橄欖油放入果汁機中，使用中高速攪打20-30秒至滑順均勻。必要時，停機，用刮刀把容器側邊的殘渣刮下來攪打。加入鹽巴、胡椒，根據個人口味調整鹹度。將基底倒入密封容器，冰入冰箱，要製作青醬淋醬時再拿出來。

- 把基底、凱撒淋醬和Smoke Show牌辣椒醬放入果汁機攪打10秒至均勻。根據個人口味增減辣椒醬來調整辣度。將淋醬倒入密封容器冰起來，要用時再拿出來。

- 這款淋醬可冷藏保存3天。

薑味哇沙米淋醬

2 杯（500ml）

食材

- ¼ 杯（25g）大略切過的薑
- 1 又 ½ 大匙哇沙米（山葵）粉
- 1 小匙醬油
- 2 大匙經過烘炒工序的麻油
- 1 又 ¼ 杯（300ml）甜芝麻糖漿（第 156 頁）
- ½ 杯（125ml）葵花油

做法

- 把薑、哇沙米、醬油、麻油、甜芝麻糖漿和葵花油放入果汁機中，使用中高速攪打20-30秒至滑順均勻。根據個人口味調整調味料。將淋醬倒入密封容器冰起來，要用時再拿出來。
- 這款淋醬可冷藏保存7天。

春季排毒淋醬

2 杯（500ml）

食材

- 2 小匙第戎芥末
- 2 大匙楓糖漿
- 1 瓣蒜頭
- ⅓ 杯（80ml）檸檬汁
- ½ 杯（125ml）蘋果醋
- 1 杯（250ml）橄欖油
- 1 小匙細海鹽
- ½ 小匙新鮮現磨的黑胡椒粒

做法

- 把芥末、楓糖漿、蒜頭、檸檬汁和醋放入果汁機中，使用中高速攪打5-6秒至滑順均勻。
- 果汁機轉低速，緩緩倒入橄欖油，打到乳化濃稠，約30秒。加入鹽巴、胡椒，根據個人口味調整鹹度。將淋醬倒入密封容器冰起來，要用時再拿出來。
- 這款淋醬可冷藏保存7天。

濃郁希臘淋醬

2 杯（500ml）

食材

- 1又¾杯（400ml）原味地中海優格(10% 脂肪)
- ¼ 杯（60ml）橄欖油
- 2 小匙白醋
- 4 瓣蒜頭
- 2 大匙奧勒岡
- 1 小匙細海鹽
- ½ 小匙新鮮現磨的黑胡椒粒

做法

- 把優格、橄欖油、醋、蒜頭和奧勒岡放入果汁機中，使用中高速攪打5-6秒至滑順均勻。
- 加入鹽巴、胡椒，根據個人口味調整鹹度。將淋醬倒入密封容器冰起來，要用時再拿出來。
- 這款淋醬可冷藏保存7天。

蜂蜜芥末淋醬

2 杯（500ml）

食材

◦ ¼ 杯（60ml）蘋果醋
◦ 2 大匙高品質巴薩米克醋
◦ 6 大匙（90ml）蜂蜜
◦ ¼ 杯（60ml）第戎芥末
◦ 2 大匙水
◦ 接近 1 杯（235ml）葵花油
◦ 細海鹽

做法

◦ 把兩種醋、蜂蜜、芥末、水和葵花油放入果汁機中，使用中高速攪打5-6秒至滑順均勻。小心不要攪打過頭，否則會變得太濃稠！假如發生了這種事，加一點水調開即可。

◦ 加入鹽巴，根據個人口味調整鹹度。將淋醬倒入密封容器冰起來，要用時再拿出來。

◦ 這款淋醬可冷藏保存7天。

咖哩優格淋醬

2 杯（500ml）

食材

◦ 1 杯又 2 大匙（280ml）原味地中海優格（10% 脂肪）
◦ 接近 1 杯（200ml）美乃滋
◦ ⅓ 杯（80ml）芒果甜酸醬或蜂蜜
◦ 1 小匙溫和咖哩醬或 2 小匙咖哩粉
◦ 1 瓣蒜頭
◦ 1 小匙是拉差香甜辣椒醬
◦ 細海鹽和新鮮現磨的黑胡椒粒

做法

◦ 把優格、美乃滋、甜酸醬、咖哩、蒜頭和是拉差香甜辣椒醬放入果汁機中，使用中高速攪打5-6秒至滑順均勻。

◦ 加入鹽巴、胡椒，根據個人口味調整鹹度。將淋醬倒入密封容器冰起來，要用時再拿出來。

◦ 這款淋醬可冷藏保存7天。

SMOKE SHOW淋醬

1 杯（250ml）

食材

◦ ½ 杯（125ml）香菜孜然淋醬（第 162 頁）
◦ ½ 杯（125ml）凱撒淋醬（第 156 頁）
◦ 2 大匙 Smoke Show 牌微燻墨西哥辣椒醬（lightly smoked jalapeño hot sauce）

做法

◦ 把兩種淋醬和Smoke Show牌辣椒醬放入果汁機中，攪打10秒左右至混合均勻。將淋醬倒入密封容器冰起來，要用時再拿出來。

◦ 這款淋醬可冷藏保存3天。

備註：如果已經事先做好香菜孜然淋醬，可能會需要搖晃一下或倒入果汁機稍微攪打一下，讓醬汁重新完全乳化，才能開始使用。

藍鄉村淋醬

2 杯（500ml）

食材

- 1 杯（120g）捏碎的藍紋乳酪
- ½ 杯（125ml）酸奶油
- ⅓ 杯（80ml）美乃滋
- 6 大匙（90ml）牛奶
- 1 大匙辣根奶油醬
- 1 又 ½ 大匙香檳醋
- 1 小匙白醋
- 1 小匙蒜粉
- ½ 小匙新鮮現磨的黑胡椒粒
- ¼ 小匙細海鹽

做法

- 把鹽巴和胡椒以外的所有食材放入果汁機中，用中高速攪打15-20秒至滑順均勻。必要時，停機，用刮刀把容器側邊的殘渣刮下來攪打。

- 加入鹽巴、胡椒，根據個人口味調整鹹度。將淋醬倒入密封容器冰起來，要用時再拿出來。

- 這款淋醬可冷藏保存7天。

我們的食譜測試者肯德拉給大家的備註：這款淋醬超讚！既有鄉村淋醬的濃郁，又有藍紋乳酪的嗆勁，卻不會過於濃烈或厚重！

香菜萊姆薑味淋醬

1 杯（250ml）

食材

- 1 杯壓實的香菜
- 3 大匙萊姆汁
- 3 大匙蜂蜜或龍舌蘭糖漿
- 3 大匙大略切過的薑
- 3 瓣蒜頭，切末
- ½ 杯（125ml）橄欖油
- ½ 小匙細海鹽
- ¼ 小匙新鮮現磨的黑胡椒粒

做法

- 把香菜、萊姆汁、蜂蜜、薑和蒜頭放入果汁機中，攪打15-20秒，將食材大略切碎、混合均勻。

- 果汁機轉低速，緩緩倒入橄欖油，打到乳化濃稠，約30秒。加入鹽巴、胡椒，根據個人口味調整鹹度。將淋醬倒入密封容器冰起來，要用時再拿出來。

- 這款淋醬可冷藏保存3天。

泰式雞肉花生穀物碗（第182頁）

墨西哥捲餅碗（第192頁）

吉拿穀物碗（第189頁）

Grain Bowls

營養滿滿的穀物碗

◦ CHAPTER FOUR ◦

Hippie Bowl

嬉皮穀物碗

。1人份。

曼蒂｜「根源、搖滾、雷鬼」，噢耶，這些都是我跟室友在大學時期賴以生存的精神糧食。
希望我在皇家山大學打擊樂團（Mount Royal's drum circle）嘗試留黑人辮的照片不會外流！
這道穀物碗有像搖滾樂一樣那麼令我震撼嗎？
或許沒有，但它是我最早研發的穀物碗，所以請跟我一樣從這裡開始，
再慢慢挑戰到首爾穀物碗（第 189 頁）或 Pumpui 穀物碗（第 196 頁）。
現在，我有四個孩子，每當精神不濟、時間不足時（幾乎無時無刻都是），
這道穀物碗製作起來仍舊令我舒心。
如果有吃剩的穀物──香米、藜麥、糙米，我們就會把它重新加熱（在鍋子裡炒一炒），
然後放入冰箱現有的任何食材，就這樣，嬉皮穀物碗成了忙碌媽媽的穀物碗！

食材

- 1 杯藜麥（第 201 頁）
- ½ 杯辣豆腐（第 190 頁）
- ¼ 杯瀝乾水分並沖洗過的罐頭黑豆
- ½ 杯切絲的捲葉羽衣甘藍
- ¼ 杯紅蘿蔔絲
- ½ 顆酪梨，切丁
- 2 大匙葵花籽
- ⅓ 杯溜醬油淋醬（第 155 頁）

做法

- 在一個不鏽鋼大盆裡放入所有食材，淋上醬汁，使用夾子翻攪均勻後即可享用。

Mexi Bowl

美墨穀物碗

◦ 1人份 ◦

不想吃美墨沙拉裡那堆生菜的人，
可以選擇更令人暢快、精華更濃縮的穀物碗。
這道穀物碗凸顯了我們最愛的墨西哥食材，在舊港區旗艦店非常熱賣，
人們通常會在晚餐時間點這個品項，佐以一杯清新的葡萄酒。
我們也建議添加烤雞胸（第149頁），還有，香菜越多越好……

食材

- ◦ 1 杯藜麥（第 201 頁）
- ◦ ½ 杯芝麻菜
- ◦ ¼ 杯紅椒丁
- ◦ ¼ 杯瀝乾水分並沖洗過的罐頭黑豆
- ◦ ¼ 杯瀝乾水分並沖洗過的罐頭玉米粒
- ◦ ½ 顆酪梨，切丁
- ◦ 2 大匙切片的紫洋蔥
- ◦ 2 大匙南瓜籽
- ◦ 2 大匙香菜
- ◦ ⅓ 杯香菜孜然淋醬（第 162 頁）

做法

- ◦ 在一個不鏽鋼大盆裡放入所有食材，淋上醬汁，使用夾子翻攪均勻後即可享用。

Veggie Power Bowl
蔬菜力量穀物碗

。 1人份 。

這絕對是我們最美的穀物碗，而且味道、口感都很豐富。
吃下它，就好像吃下了彩虹，讓你飽足的同時，心情也美好起來。
如果想增加蛋白質攝取量，
建議添加一份烤滷豆腐（第 148 頁）或天貝（第 143 頁）。

食材

- 1 杯藜麥（第 201 頁）
- ½ 杯切絲的捲葉羽衣甘藍
- ½ 顆酪梨，切丁
- ¼ 杯瀝乾水分並沖洗過的罐頭鷹嘴豆
- ¼ 杯瀝乾水分並沖洗過的罐頭玉米粒
- ¼ 杯切細絲的紫高麗菜
- ¼ 杯紅椒丁
- ¼ 杯蔥花（蔥綠部分）
- ¼ 杯菲塔乳酪丁
- 2 大匙香菜
- 2 大匙撕碎的羅勒
- ⅓ 杯綠色力量淋醬（第 158 頁）

做法

- 在一個不鏽鋼大盆裡放入所有食材，淋上醬汁，使用夾子翻攪均勻後即可享用。

Bún Bowl

米線穀物碗

。1人份。

我們喜歡無麩質的食材選擇，
因此決定變化一下越南烤肉米線的許多食材組合。
這道穀物碗充滿天然無麩質的米線以及大量的清脆蔬菜、
芳郁香草和甜甜脆脆的椰子片。

食材

- 1 又 ½ 杯米線（第 201 頁）
- ¼ 杯蔥花（蔥綠部分）
- ¼ 杯紅椒丁
- ¼ 杯紅蘿蔔絲
- ¼ 杯切細絲的紫高麗菜
- 2 大匙無糖烤椰子脆片
- 2 大匙黑白芝麻粒
- 2 大匙撕碎的羅勒
- 2 大匙撕碎的香菜
- ⅓ 杯永恆夏日淋醬（第 166 頁）

做法

- 在一個不鏽鋼大盆裡放入所有食材，淋上醬汁，使用夾子翻攪均勻後即可享用。

備註：我們在這道穀物碗裡使用的是
Bare Snacks牌的蜂蜜椰子脆片，
但你可以用其他椰子片代替。

泰式雞肉花生穀物碗

Ramen Chicken Peanut Bowl

。 1人份 。

這道穀物碗會讓你想起處處可見的泰式河粉，
但卻以「曼蒂沙拉」的風格呈現。
它令人飽足，柑橘氣味濃烈，口感層次豐富。
這是我們主打的泰式穀物碗，並有一個 2.0 版本——
Pumpui 穀物碗（第 196 頁）。

食材

- 1 又 ¼ 杯米線（第 201 頁）
- ¾ 杯泰式雞絲（第 146 頁）
- ½ 杯綜合嫩葉生菜
- ½ 芝麻菜
- ½ 顆酪梨，切丁
- ¼ 杯切細絲的紫高麗菜
- ¼ 杯切對半的小番茄

- ¼ 杯芒果丁
- ¼ 杯紅蘿蔔絲
- ¼ 杯蔥花（蔥綠部分）
- 2 大匙撕碎的薄荷
- 2 大匙撕碎的香菜
- 2 大匙烤碎花生
- ⅓ 杯萊姆辣椒泰式淋醬（第 162 頁）

做法

- 在一個不鏽鋼大盆裡放入所有食材，淋上醬汁，使用夾子翻攪均勻後即可享用。

備註：魚露！幫幫忙，不要直接嗅聞它（就好像不要直視日蝕一樣），但一定要把它加到這道穀物碗！
魚露非常難取代，而且可以為整道料理增添必要的鮮味深度。

Seoul Bowl

首爾穀物碗

。 1人份 。

啊，神奇的泡菜以及美妙的醃小黃瓜、辣炸豆腐、酥脆煎蛋和辣美乃滋。
這道首爾穀物碗匯聚了我們歌頌韓式料理的所有必要元素。
就開門見山說了吧：這道穀物碗需要進行很多個別食材的前置作業，十分耗時。
雖然如此，成果卻是非常濃郁、美味、勁辣，帶有多種口感。
此外，我們自認曼蒂的泡菜比較偏向柑橘風味，較不強調辣和發酵，
所以可以做為韓式泡菜新手的入門款。

食材

- ½ 杯藜麥（第 201 頁）
- ½ 杯短糙米（第 201 頁）
- 細海鹽和新鮮現磨的黑胡椒粒
- ½ 杯辣豆腐（第 190 頁）
- ½ 杯柑橘泡菜（第 191 頁）
- ¼ 杯醃小黃瓜（第 191 頁）
- ½ 顆酪梨，切丁
- 2 大匙紅蔥酥（第 151 頁）
- 2 大匙黑白芝麻粒
- 2 大匙切細絲的海苔片
- 2 大匙辣美乃滋（第 190 頁）
- 1 顆蛋

做法

- 把溫熱的藜麥和糙米放入碗中，用鹽巴、胡椒調味。

- 在一個大碗裡依序擺放下列食材：混好的糙米和藜麥、泡菜、醃小黃瓜、酪梨和溫熱的豆腐。接著在上面擺放紅蔥酥、芝麻粒、海苔片和美乃滋。

- 在一個煎鍋裡使用中火煎蛋。煎好後，蛋黃朝上擺在大碗最上面正中央，再灑一點芝麻即可享用。

備註：泡菜至少要在上菜前24小時製作，請妥善規劃時間。擺盤前應該加熱的食材有：米、藜麥、豆腐和煎蛋。這道穀物碗使用的所有食材——辣美乃滋、紅蔥酥、醃小黃瓜、辣豆腐等——都非常萬用，可以加在你自己研發的穀物碗中。

辣豆腐

2 又 ½ 杯豆腐丁（約 5 份）

食材

- 1 塊 400g 板豆腐
- 2 大匙溜醬油
- 2 大匙七味唐辛子
- 1 大匙麻油
- 2 大匙酪梨油

做法

- 豆腐瀝乾多餘的水分，切成約1cm的丁狀，放入大碗中。
- 將豆腐跟溜醬油、七味唐辛子和麻油混合均勻，放入密封袋或密封容器中，冷藏至少2個小時。
- 用紙巾拍乾豆腐丁，接著在煎鍋中開中火加熱酪梨油。
- 煎豆腐丁4-5分鐘，直到每一面都變成褐色。
- 豆腐丁可放在密封容器中冷藏保存5天。

_____

備註：七味唐辛子是一種日式綜合香料，可以在超市和專賣店裡找到。你可以自己做出類似的版本，混合½大匙紅辣椒片、1小匙黑白芝麻粒、¼小匙花椒粒、¼小匙薑粉、¼小匙罌粟籽、¼小匙陳皮和¼片揉碎的海苔。

辣美乃滋

將近 1 杯（約 8 份）

食材

- 7/8 杯美乃滋
- 2 小匙是拉差香甜辣椒醬
- 2 小匙溜醬油
- 1 小匙麻油

做法

- 把美乃滋、是拉差香甜辣椒醬、溜醬油和麻油放入碗中混合均勻。倒入醬料瓶或密封容器冰起來，要用時再拿出來。
- 這款美乃滋可冷藏保存非常久的時間。

柑橘泡菜

3 杯（6 份）

食材

- 565g 大白菜
- ⅓ 杯大蔥切花
- ½ 杯葡萄籽油或酪梨油
- ⅓ 杯新鮮現榨的萊姆汁
- 2 大匙龍舌蘭糖漿
- 2 大匙是拉差香甜辣椒醬
- 2 小匙溜醬油
- 1 又 ½ 小匙細海鹽
- 1 小匙紅辣椒片

做法

- 用一把尖利的菜刀將大白菜切成小塊，不要大於 2.5cm。你應該會切出5杯左右的大白菜丁。放入大碗中，跟大蔥混合。
- 把油、萊姆汁、糖漿、是拉差香甜辣椒醬、溜醬油、鹽和紅辣椒片放進小湯鍋，中火煮到幾乎沸騰，攪拌均勻，靜置放涼。
- 把放涼的醬汁倒在大白菜和大蔥上，混合均勻。倒入大玻璃罐或密封容器中，冷藏至少24個小時，要用時再拿出來。
- 泡菜可冷藏保存7天。

備註：這份食譜做出來的泡菜味道溫和，如果你想增添辣度，可將紅辣椒片增加到2小匙。

醃小黃瓜

2 杯（約 8 份）

食材

- 1 條小黃瓜，削皮
- ¼ 杯紅椒丁
- 2 大匙去籽切丁的墨西哥辣椒（1 小條）
- ½ 杯白醋
- ½ 杯砂糖
- 1 小匙細海鹽

做法

- 小黃瓜縱切對半，再切成半月形薄片。
- 把小黃瓜、紅椒丁和墨西哥辣椒放入碗中。
- 把醋、糖和鹽巴放入小湯鍋中，開中火煮滾，攪拌使糖溶解，約30秒。將滾燙的液體倒在小黃瓜、紅椒丁和墨西哥辣椒上，靜置放涼。
- 倒入玻璃罐或密封容器冰起來，要用時再拿出來。醃小黃瓜可冷藏保存5天。

墨西哥捲餅碗

。 1人份 。

在研發這道佳餚時，我們的想法是要解構典型的墨西哥捲餅，
同時保留美味的米飯、豆子、雞絲（但我們是用豆腐做成的素雞肉）、
牽絲軟綿的融化乳酪、切片酪梨、墨西哥玉米片和嗆勁的雞喙醬，
卻又沒有麵粉捲餅皮的厚重感。
上面加個煎蛋或水波蛋會很讚！

食材

- 2 杯墨西哥飯（第 200 頁）
- 1/3 杯刨好的切達乳酪
- 1/2 杯雞喙醬（第 146 頁）
- 1/2 顆酪梨，切丁
- 2 大匙香菜末
- 6-8 片藍玉米製成的墨西哥玉米片
- 1 顆煎蛋（可省略）

做法

- 把墨西哥飯放入碗中加熱到熱氣蒸騰。

- 拌入切達乳酪，上面擺放雞喙醬、酪梨、香菜、玉米片和煎蛋後即可享用。

Pearl Pesto Bowl

珍珠青醬穀物碗

。 1人份 。

珍珠庫斯庫斯（Pearl couscous）又稱作以色列庫斯庫斯，
吃起來令人舒暢，大小剛好，不會干擾或占據整個碗，實在應該要更常被運用。
經典的青醬口味結合 Smoke Show 好夥伴的勁辣，
為這個經典醬料帶來超級有趣的變化。
請自行增加辣醬的份量，做出對你來說辣度恰到好處的穀物碗！

食材

- 1 杯珍珠庫斯庫斯（第 201 頁）
- 1 杯芝麻菜
- ¼ 杯番茄丁
- ¼ 杯小黃瓜丁
- 2 大匙紫洋蔥丁
- 2 大匙去籽的卡拉馬塔橄欖
- ¼ 杯捏碎的菲塔乳酪
- ⅓ 杯青醬淋醬（第 168 頁）

做法

- 在一個不鏽鋼大盆裡放入所有食材，淋上醬汁，使用夾子翻攪均勻後即可享用。

Pumpui Bowl
Pumpui 穀物碗

◦ 1人份 ◦

Épicerie Pumpui 是我們在蒙特婁最喜歡的泰式餐廳。
兩位同樣叫做傑斯（分別姓穆德和馬蘇米）的老闆曾周遊東南亞數年，
並以當地的「咖哩雜貨店」（lan khao gang，字面意思為「店米咖哩」）
這種商店當做餐廳靈感來源。
我們想跟他們合作，於是一起研發了這道穀物碗，以涼拌青木瓜為雛形。

食材

- 1 杯米線（第 201 頁）
- 1 杯切絲的青木瓜
- ½ 杯切片的酸菜
- ½ 杯長豆，切成 4cm 長
- ½ 杯切對半的小番茄
- ⅓ 杯紅蘿蔔絲
- 5 瓣蒜頭，切片
- 5 根泰國辣椒，去梗切末
- 將近 1 大匙蝦米，使用前泡水 20 分鐘
- 6 或 7 隻雞尾酒鮮蝦（熟）
- ½ 杯豆芽菜
- 2 大匙大略切過的烤花生
- 2 大匙刺芹荽，捲起來切細絲
- 1 杯 Épicerie Pumpui 淋醬（第 168 頁）

做法

- 在一個大攪拌盆裡放入米線、青木瓜、酸菜、長豆、小番茄、紅蘿蔔、蒜頭、辣椒和蝦米，淋上醬汁，使用雙手（戴手套）或夾子翻攪均勻。攪拌時稍微擠壓一下，釋出番茄汁。
- 放入雞尾酒鮮蝦和豆芽菜，翻攪均勻後，灑上烤花生和刺芹荽點綴即可享用。

備註：醃漬芥菜通常是真空包裝，上面會寫「酸菜」。你可以在中國或泰國超市買到，米線、青木瓜、蝦米、泰國辣椒、長豆和刺芹荽也是。

親愛的曼蒂、瑞貝卡和梅莉迪絲：

這道穀物碗仿造了泰國處處可見的涼拌青木瓜。這個版本比較接近泰國東北部鄰寮國和柬埔寨的依善地區（Isan）的口味。依善料理的特色是氣味特殊、帶有嗆勁、香草用量大、辛辣十足。因此，若不喜歡吃辣，這道菜可能就不適合你。話雖如此，這真的很好吃，特別適合在大熱天食用，搭配各種烤肉。

一道成功的泰式涼拌吃起來應該有酸有鹹、開胃勁辣、氣味特殊，帶有一點隱約的甜。這道涼拌可以搭配曼蒂沙拉的烤雞、烤肉、白飯或糯米，以及各式各樣熟或生的蔬菜（小黃瓜、羅勒、生的嫩空心菜）一起吃。或者，也可以單獨做為一餐食用，享受那種辣，一邊揮汗回憶在遠東度過的時光。請自由調整辣椒的份量。跟朋友一起配著清涼的啤酒吃也很棒。

XO Épicerie Pumpui

caprese Bowl

卡布里穀物碗

。 1人份 。

曼蒂｜伊娜·加藤（Ina Garten）是我們仰慕已久的名人廚師之一，
所有料理都用全脂食品和簡單的食材製作，非常對我們的胃口！
她早期的一本著作收錄了一道簡單的糙米沙拉，我在晚餐派對上做過無數次，
但總會添加一點額外的義大利風情，
像是乳酪（如高品質的水牛莫札瑞拉乳酪）、芝麻菜和烤松子。
所以吃起來依然保留「赤腳女爵」*的美味，但是又另外增添了「曼蒂沙拉」的可口風味。

食材

- 2 大匙橄欖油
- 1 杯小番茄
- 1 杯短糙米（第 201 頁）
- ⅓ 杯義大利夏日淋醬（第 155 頁）
- 1 杯芝麻菜
- ½ 杯刨絲的水牛莫札瑞拉乳酪
- ¼ 杯撕碎的羅勒
- ¼ 杯烤松子
- 馬爾頓海鹽和新鮮現磨的黑胡椒粒
- 巴薩米克醋

做法

- 在小煎鍋中開中大火加熱橄欖油。整顆小番茄下鍋炒，直到爆裂開來，約3分鐘。

- 煮糙米（如果已經煮好冷藏，就加熱到熱氣蒸騰）。在一個不鏽鋼大盆裡放入米飯和淋醬，拌勻，使米飯充分吸收醬汁。上面擺放芝麻菜、乳酪、羅勒和松子，翻攪均勻。

- 根據個人口味，使用鹽巴、胡椒和巴薩米克醋調味，淋一兩下橄欖油後即可享用。

---

* 譯註：「赤腳女爵」（Barefoot Contessa）是伊娜·加藤主持的烹飪節目，自2002年開播至今。

穀物基底

墨西哥飯

12 杯（6 份）

食材

- 3 大匙酪梨油
- ½ 顆洋蔥，切小丁
- ⅓ 杯蒜末
- 2 大匙孜然
- 2 小匙紅辣椒片
- 2 杯乾燥短糙米
- 1 罐 800g（2 杯）番茄丁，瀝乾水分
- 4 杯低鈉蔬菜高湯
- 2 杯素雞肉（第 142 頁）
- 1 又 ¼ 杯瀝乾水分並沖洗過的罐頭黑豆
- 1 又 ¼ 杯瀝乾水分並沖洗過的罐頭玉米粒
- 細海鹽和新鮮現磨的黑胡椒粒

做法

- 在大荷蘭鍋或厚底湯鍋中開中小火熱油。放入洋蔥、蒜頭、孜然和紅辣椒片，炒出香味，使洋蔥呈透明狀，約5分鐘。放入糙米，再放入瀝乾的番茄、高湯、素雞肉、黑豆和玉米。拌勻。

- 轉中大火煮滾，蓋上蓋子，轉小火微滾，煮1小時，每15-20分鐘好好攪拌一下。

- 離火，用鹽巴、胡椒調味，立即上桌，或靜置放涼，放入密封容器冰起來，要用時再拿出來。

- 墨西哥飯可冷藏保存7天。

備註：這個只做一份太尷尬了，所以最好一次做大量給一群人吃，或給一個人吃一整個星期！

蘋果汁法羅

3 杯

食材

- 1 又 ½ 杯乾燥珍珠法羅
- 2 杯蘋果汁
- 1 杯水
- 2 片月桂葉
- 1 小匙細海鹽
- ½ 小匙新鮮現磨黑胡椒粒
- ⅓ 杯檸檬汁
- ⅔ 杯橄欖油

做法

- 把法羅、蘋果汁和水放進大湯鍋裡，開火煮滾。拌入月桂葉、鹽巴和胡椒，中火烹煮30分鐘，直到法羅變軟（但還是會有一點嚼勁）。瀝乾水分，取出月桂葉，放回鍋中，拌入檸檬汁和橄欖油，根據個人口味，再多加一點鹽巴和胡椒。放涼，冰入冰箱，要用時再拿出來。

- 煮好的法羅可放在密封容器中冷藏保存7天。

藜麥（紅藜麥）

3 杯（4-6 份）

食材

○ 1 又 ⅔ 杯水
○ 1 杯乾燥藜麥（紅藜麥）

做法

○ 在厚底湯鍋中開中大火把水煮滾。放入藜麥，水再次煮滾時，轉小火，蓋上蓋子，在微滾的狀態下煮15分鐘。離火，悶5分鐘。用叉子把藜麥翻鬆。

○ 煮好的藜麥可放在密封容器中冷藏保存7天。

短糙米

3 杯（4-6 份）

食材

○ 1 杯乾燥短糙米
○ 1 又 ¾ 杯水
○ 1 大匙無鹽奶油

做法

○ 把糙米、水和奶油放入厚底湯鍋，開中大火煮滾。蓋上蓋子，把火力轉到最小，在微滾的狀態下煮45分鐘。離火，悶15分鐘。用叉子把糙米翻鬆。

○ 煮好的糙米可放在密封容器中冷藏保存7天。

珍珠庫斯庫斯

6 杯（6 份）

食材

○ 2 又 ½ 杯水
○ 2 杯珍珠庫斯庫斯
○ 2 大匙橄欖油

做法

○ 在厚底湯鍋中開中大火把水煮滾。放入庫斯庫斯和橄欖油，水再次煮滾時，把火轉到幾乎熄滅，蓋上蓋子，在微滾的狀態下煮10分鐘。離火，悶5分鐘。用叉子把庫斯庫斯翻鬆。

○ 煮好的庫斯庫斯可放在密封容器中冷藏保存7天。

米線

6 杯（12 份）

食材

○ 1 包（250g）細米線
○ 麻油適量

做法

○ 把米線放入大攪拌盆中。

○ 煮滾8杯水，倒在米線上，水要完全覆蓋米線。

○ 每隔1分鐘左右拌開米線。大約過3-4分鐘，感覺米線看起來軟化時，將水分瀝乾，沖冷水。再次瀝乾，淋一點麻油，讓米線不要黏在一起。

○ 可冷藏保存5天。

椰絲松露巧克力（第 212 頁）

Sweets
永不嫌多的誘人甜點

• CHAPTER FIVE •

MANDY'S
CHOCOLATE CHIP COOKIES

曼蒂的
巧克力豆餅乾

12大塊

這些餅乾是我們創立「曼蒂沙拉」的動力來源（參見第1頁「我們的故事」）。
此外，這份食譜也是我們過去十年來最常被探詢的機密。
我們一直非常小心地保密，但現在終於決定公布了！
因為要做的量太大，我們只在三分之一的分店裡添購餅乾製作和烘烤設備，
再從這些分店把多餘的麵團送到其他分店進行烘烤。

曼蒂｜你問我創始緣由？我還記得十歲的時候，
我跟媽媽一起在北方洛朗山脈的山中小屋一起做巧克力豆餅乾。
我不知道我比較喜歡哪一件事：吃下餅乾酥脆的邊緣和中心融化黏稠的巧克力，
還是舔掉湯匙上充滿奶油香、鹹鹹又甜甜的餅乾麵團，感覺跟一切人事物和樂融融。
這些年來，我不斷做這些餅乾，微調食譜，好讓餅乾擁有最棒的味道。
這些真的令人難以抵擋。

備註：吃不完的餅乾（哈哈哈不可能吧）可以拿來做椰絲松露巧克力（第212頁）。
開始做餅乾前要準備符合室溫的蛋，但巧克力要先放進冰箱冷藏。

你會需要

◦ 45x33cm 鋪有烘焙紙的烤盤
◦ 60ml 大小的（大號）餅乾挖勺（非必備）

食材

◦ ½ 杯壓實（110g）的黑糖
◦ ¼ 杯（50g）砂糖
◦ 2 小匙馬爾頓海鹽
◦ ½ 杯又 2 大匙（140g）發酵無鹽奶油，切丁（我們愛用 L'Ancêtre 牌）
◦ 1 大顆蛋，置於室溫
◦ ½ 小匙小蘇打
◦ 2 小匙純香草精
◦ 1 又 ¼ 杯（170g）中筋麵粉
◦ 1 杯（185g）冰過的黑巧克力豆

做法

◦ 烤箱預熱190℃。

◦ 把黑糖、砂糖和鹽放入大碗，攪拌均勻。

◦ 在小湯鍋中開中火融化奶油。不斷輕輕攪拌，把奶油煮到出現泡沫。泡沫開始消散、奶油開始變成褐色且出現堅果香氣時（約6分鐘），離火。奶油倒入放了糖和鹽的大碗中，攪拌均勻。靜置放涼到室溫，約5-10分鐘。

◦ 奶油變溫涼時，使用打蛋器拌入蛋，接著再加入小蘇打和香草精，攪拌均勻。

◦ 接著，使用刮刀或木匙拌入麵粉，混合均勻。質地應呈現濃稠但可挖勺的程度。假如感覺太稀，先冷藏15-30分鐘左右，讓麵團變硬。

◦ 使用刮刀拌入巧克力豆，要讓巧克力豆均勻分布。

◦ 挖出12顆麵團（一顆約60g），放在鋪有烘焙紙的烤盤上（麵團烘烤期間就會逐漸攤平），一列排4顆，共3列。

◦ 烘烤12-13分鐘左右，直到餅乾變成金黃色，邊緣半硬，但中心仍非常軟。從烤箱中取出後，先在烤盤上放涼幾分鐘，再拿到烤架上完全放涼。這些餅乾可放在密封容器中保存數天。

GLUTEN-FREE SCONE "CLOUDS"

無麩質 司康雲朵

15塊

多年來，雖然有許多親朋好友喜愛我們的經典巧克力豆餅乾，
我們卻也總會遇到幾個有乳糜瀉或麩質不耐症的朋友或同事。
有一天，我們決定：「夠了！我們來做一些同樣可口的餅乾給他們吃！」
就連我們那些愛吃麩質的挑嘴小孩也很喜歡這些鬆軟如雲的餅乾。
這些餅乾輕盈柔軟到吃起來比較像是司康，而非普通的餅乾。
當初的善意可以演變成令人開心的料理驚喜，永遠是一件很有趣的事！

你會需要

◦ 45x33cm 鋪有烘焙紙的烤盤

食材

◦ 3 大匙椰子油，融化放涼
◦ 1 大匙香草精
◦ ¼ 杯（60ml）楓糖漿
◦ 1 大顆蛋
◦ 1 又 ½ 杯（150g）杏仁粉
◦ ¼ 小匙細海鹽
◦ 2 大匙椰子細粉
◦ ½ 杯（90g）黑巧克力豆
◦ ½ 杯（60g）無糖椰子絲（可省
略，但絕對可以增加「雲朵」
般的口感）

做法

◦ 烤箱預熱175℃。
◦ 把椰子油、香草精、楓糖漿和蛋放入大
碗，攪拌均勻。
◦ 拌入杏仁粉、鹽巴和椰子細粉至滑順。
◦ 使用刮刀或木匙拌入巧克力豆和椰子絲
（若有使用的話），混合均勻。
◦ 使用小號餅乾挖勺或1尖匙的份量挖出
麵團，把每一塊半圓球放在鋪有烘焙紙
的烤盤上。麵團烘烤期間不怎麼會攤
開，所以排近一點沒有關係。
◦ 烘烤12-15分鐘，直到餅乾邊緣開始變成
褐色，但是整體上仍呈現金黃色即可。

COCONUT CHOCOLATE TRUFFLES

椰絲松露巧克力

40-45個

這道甜點很適合重度巧克力成癮者。
我們在試做要賣給顧客的無麵粉巧克力炸彈（第225頁）時，
彎月街分店的經理阿方索・巴爾巴（Alfonso Barba）突發奇想把該食譜的麵團擀開，
加進餅乾麵團，然後用椰絲沾裹。他若不是天才，就是個高熱量惡魔！
噢，我們當然知道濃郁半熟的巧克力甜點誘惑有多大。
因此，我們把自己喜愛的所有罪惡元素融合在一起，
研發出這款天堂般的巧克力球。
沒錯，這些真的是「只應天上有」的甜點，
每顆都用類似布朗尼的軟Q巧克力混合掰碎的曼蒂巧克力豆餅乾，
最後再滾上烤過的椰絲。

───────

備註：這些松露巧克力含有生蛋。

你會需要

- 食物調理機（可省略）
- 45x33cm 的烤盤
- 電子秤（可省略，有助於做出大小非常一致的松露巧克力）

食材

- 200g 曼蒂的巧克力豆餅乾（第206頁），大約是 4 塊餅乾
- 2 杯（150g）無糖椰絲
- 700g 巧克力炸彈麵團（第225頁）
- 2 大匙香草精

做法

- 烤箱預熱175℃。
- 用手將巧克力豆餅乾大略掰碎，放進直立式攪拌機的攪拌缽裡（或用食物調理機攪打幾下）。
- 把椰絲灑在烤盤上，烘烤5分鐘左右，直到香氣出來，顏色變成淺黃。翻動椰絲後，留在烤盤上放涼，再倒入淺碗或小烤盤中。
- 製作一份巧克力炸彈麵團，拌入巧克力豆餅乾屑，再拌入香草精。
- 使用攪拌機最低速攪拌2分鐘，直到餅乾屑均勻散布在麵團裡。
- 冷藏至少1小時，使麵團硬一點。
- 使用小湯匙挖出20g麵團（相當於1小尖匙，但是一般的茶匙會比量匙好用）。用雙手把麵團搓圓，放在鋪有烘焙紙的烤盤上。你可能搓幾顆麵團後就要清洗、弄濕一次手，搓起來才不會黏呼呼的。
- 所有的松露巧克力都搓好後，放在椰絲上滾一滾。放進密封容器冰起來，要用時再拿出來。享用前退冰15分鐘。松露巧克力的最佳賞味期是2小時。

SALTED PECAN SHORTBREAD SQUARES

鹽烤胡桃酥餅方塊

16塊5cm的方塊

我們很喜歡胡桃派。好吧,其實我們是先愛上了魁北克的糖派。
每個星期五晚上前往我們家的山中小屋途中,
位於117公路上──大概在聖阿加特代蒙(Sainte-Agathe-des-Monts)北邊,
有一個路邊攤的糖派,我們一定會停下來購買
(原本只買一個派,家庭成員變多之後,更追加買到三個)。
後來,我們吃到胡桃派──說穿了就是糖派上面加胡桃,更加令人上癮了。
這裡提供的版本容易攜帶,
一口大小的迷你方塊很適合帶在路上吃,保證吃了會上癮!

你會需要

∘ 23cm 方形蛋糕模
∘ 防沾噴霧烤盤油或軟化的無鹽奶油

食材

派皮

∘ ¾ 杯（110g）中筋麵粉
∘ ¼ 杯（40g）玉米粉
∘ ½ 杯（75g）糖粉
∘ 1 小匙細海鹽
∘ ½ 杯（113g）冰無鹽奶油，切丁

內餡

∘ ¾ 杯（170g）無鹽奶油
∘ ½ 杯（100g）黑糖
∘ 3 大匙龍舌蘭糖漿
∘ ½ 小匙香草精
∘ ½ 小匙馬爾頓海鹽，外加額外灑在上面的量
∘ 2 大匙鮮奶油
∘ 3 杯（375g）大略切過的胡桃

做法

∘ 製作派皮：使用2張加厚鋁箔紙交錯重疊鋪在9吋方形蛋糕模的底部，並超出模具側邊（超出的部分有助烘烤後輕鬆移出成品）。在鋪好鋁箔紙的模具裡噴上防沾烤盤油或塗抹軟化奶油。

∘ 把麵粉、玉米粉、糖粉和鹽放入裝好刀片的食物調理機，攪打幾下。放入奶油，攪打6-7下，直到呈現粗砂狀，帶有少許豌豆大小的奶油團塊。此時，混合物看起來像乾沙，這是正常的。倒入準備好的模具中，用手或曲柄抹刀鋪成均勻的一層，用手掌或手指用力壓實。冷藏15分鐘。

∘ 烤箱預熱175℃。烘烤派皮15-17分鐘，直到派皮看起來變硬了（摸起來還很軟，但是放涼後會變硬）但沒有變色。放在烤架上放涼，烤箱繼續開著。

∘ 製作內餡：把奶油、黑糖、糖漿、香草精和鹽巴放入厚底湯鍋，開中小火，用木匙攪拌到糖溶解。轉中火煮滾，再轉小火微滾3分鐘。離火，拌入鮮奶油和切過的胡桃，混合均勻。

∘ 將內餡倒在派皮上（派皮還有點溫熱沒關係）。烘烤17-20分鐘，直到內餡冒泡，呈現焦糖色。放在烤架上完全放涼，根據個人口味灑上一點海鹽。

∘ 使用超出的鋁箔紙抬起烤好的方塊，放在砧板上，切成5cm大小的正方形。常溫食用。如果很難切，先冰進冰箱幾個小時，再用你最利的一把刀切出完美的方塊。

∘ 這些方塊可放在密封容器保存5天，每一層中間以烘焙紙隔開。也可以把方塊包緊直接冷凍保存3個月，食用前先解凍一晚即可。

PALEO BANANA BREAD
原始人香蕉蛋糕
6-8人份

曼蒂｜我們沒有在餐廳供應這道甜點，這可以說是「員工」甜點，
因為我常常為員工烤這款蛋糕，香蕉蛋糕是處理發黑香蕉最好的辦法，
我稍微調整了家傳食譜，變成更接近原始人飲食的概念
（巧克力豆不太符合原始人飲食，但我想滿足一點口腹之慾）。
這款香蕉蛋糕一定會讓你驚豔，
因為它既不扁塌也不會過度紮實（無麩質的烘焙成品經常會這樣）；
反之，它真的很濕潤可口。不過，既然是無麩質，
自然比一般的香蕉蛋糕還容易有屑屑，所以最好使用叉子和盤子食用。

你會需要

- 10x20cm（450g）吐司模
- 防沾噴霧烤盤油

食材

- 3 根中等大小的過熟香蕉，壓成泥
- ¼ 杯（65g）杏仁醬
- 1 小匙香草精
- 2 大顆蛋，室溫
- ½ 杯（65g）椰子細粉
- 1 小匙小蘇打
- ½ 小匙肉桂粉
- ¼ 小匙細海鹽
- ½ 杯（90g）黑巧克力豆
- ½ 杯（60g）烤胡桃
- ½ 杯（30g）烤無糖椰絲
- 1 根香蕉（可省略）

做法

- 烤箱預熱175℃。吐司模噴上防沾烤盤油。
- 把香蕉泥、杏仁醬和香草精放入大碗中，攪拌到滑順均勻。
- 拌入蛋，一次打入1顆。
- 拌入椰子細粉、小蘇打、肉桂粉和鹽巴，拌到剛好混合均勻即可，接著輕輕拌入巧克力豆、胡桃和椰絲。
- 將麵糊倒入準備好的吐司模中，表面用抹刀抹平。若有多餘的巧克力豆和胡桃也可以灑在上面。如果你特別有閒情逸致想把蛋糕裝飾得很厲害（並且有多的香蕉），可以把香蕉縱切對半，鋪在最上層。
- 烘烤30分鐘左右，直到邊緣變成金褐色，蛋糕測試針插入中心沒有沾黏（可能會沾到融化的巧克力）為止。
- 在烤架上放涼，蛋糕脫模，切片食用。

JOODLES'S APPLE CRISP
茱豆的蘋果奶酥

6人份

曼蒂｜我們的爸爸以前都叫媽媽「茱豆」（她的本名是「茱蒂」）。
雖然他在二〇一二年驟逝了，這個暱稱仍繼續流傳兒孫輩之間，
我到現在仍能清楚憶起她製作蘋果奶酥所使用的白色陶瓷烤盅以及焦糖、肉桂和豆蔻的味道。
她總是輕輕鬆鬆地完成這道甜點，而且做得很美味。
這道甜點最好趁熱吃，當然還得搭配一球香草冰淇淋。

備註：你可以用任何一種蘋果下去實驗，當然也可以把蘋果切片。我們比較喜歡切塊。

你會需要

- 20x20cm 深焗烤盤

食材

- 6 顆旭蘋果或金冠蘋果，去皮、去核、切塊
- 2 大匙砂糖
- 1 又 ¾ 小匙肉桂粉，分成 2 份
- 1 小匙豆蔻粉
- 1 又 ½ 小匙檸檬汁
- ¾ 杯（75g）傳統燕麥片
- ¾ 杯（160g）中筋麵粉
- 1 杯（215g）紅糖
- ¾ 杯（170 克）冰有鹽奶油，切成小丁，外加額外用來塗抹烤盤的量
- 1 撮馬爾頓海鹽

做法

- 烤箱預熱175℃。深焗烤盤抹上奶油。

- 把蘋果、砂糖、¾小匙的肉桂粉、豆蔻粉和檸檬汁放入大碗中，攪拌均勻後，倒入準備好的深焗烤盤。

- 把燕麥片、麵粉和紅糖放入另一個碗，攪拌均勻。接著拌入奶油丁和鹽巴，使用雙手或不鏽鋼奶油切拌器將奶油丁拌入乾性食材中，形成粗砂狀，只剩下少許豌豆大小的團塊。

- 把混好的燕麥灑在蘋果上，再灑上剩餘的肉桂粉。用手輕輕按壓，使燕麥混合物均勻分布。烘烤45分鐘，直到香味出來。你會看到蘋果冒泡，上面的燕麥混合物變成漂亮的金褐色。

- 放在你喜歡的食器裡享用，別忘了配上冰淇淋！

LEMON-ORANGE BUTTERCREAM COOKIES

檸檬柳橙奶油糖霜餅乾

35-40個夾心餅乾

我們喜歡在餐廳被包場舉辦小型活動時供應這款餅乾，
像是為好友舉辦的新嫁娘派對或新生兒派對等私密派對。
這些充滿奶油香和柑橘香的酥餅不僅小巧精緻，而且當季當令。
泡一壺你最喜愛的茶，搭配這款餅乾一塊享用
（我們喜歡搭配的是唐寧牌的伯爵茶）。

備註：這款餅乾的麵團烘烤前必須完全冰涼，最好是冷藏一晚。請規劃好時間。

你會需要

○ 兩個 45x33cm 鋪有烘焙紙的
  烤盤

食材

餅乾

○ ¾ 杯（170g）無鹽奶油，軟化
○ ½ 杯（100g）砂糖
○ 1 大顆蛋黃
○ ½ 小匙香草精
○ 2 杯（240g）中筋麵粉
○ ¼ 杯（30g）杏仁條

檸檬柳橙夾心

○ 3 大匙無鹽奶油，軟化
○ 1 又 ½ 大匙檸檬汁
○ 1 小匙柳橙皮
○ 1 杯（115g）糖粉

做法

○ 製作餅乾：使用裝有槳型攪拌棒的直立式攪拌
  機，中速攪打奶油和糖，使奶油顏色變淡、
  呈現蓬鬆的樣子，約2分鐘。放入蛋黃和香草
  精，停機，用刮刀把攪拌缽側邊和底部的殘渣
  刮下來。

○ 機器轉到低速，緩緩倒入麵粉，攪拌均勻。

○ 放一張保鮮膜在檯面上，將一半的餅乾麵團倒
  在上面，運用保鮮膜把麵團塑形成25cm長的圓
  柱體（直徑約4cm）。剩下的另一半麵團也重
  複同樣的動作，塑形成第二個圓柱體。把兩個
  圓柱體包緊，冷藏一晚。

○ 次日，烤箱預熱200℃。打開麵團，用尖利的刀
  子切掉頭尾。將麵團切成厚度0.6cm的餅乾片，
  移到兩個鋪有烘焙紙的大烤盤上，每片餅乾之
  間相隔2.5cm左右。半數餅乾（其中一盤）灑上
  杏仁條，稍微按壓，使其與麵團黏合。

○ 一次烘烤一盤，時間為8-10分鐘，直到餅乾
  邊緣呈現金褐色。靜置放涼，同時製作夾心內
  餡。

○ 製作夾心內餡：在小碗裡攪打奶油、檸檬汁和
  柳橙皮，使奶油呈蓬鬆狀。慢慢拌入糖粉，直
  到糖霜變得滑順。

○ 組合：使用小抹刀或一般的湯匙，將大約半小
  匙份量的內餡塗抹在無杏仁條的餅乾底部，再
  放上一塊有杏仁條的餅乾，輕輕壓合。剩下的
  餅乾也重複相同的動作。

○ 餅乾可放在密封容器中室溫保存5天。

CHOCOLATE BOMBZ
巧克力炸彈

12個馬芬大小的巧克力炸彈

曼蒂｜這款無麵粉的巧克力炸彈
在我舉辦或受邀參加的晚餐聚會上，
向來是受到熱烈歡迎、奪走主場風采、贏得眾人喜愛的焦點。
它濃郁、綿密又無麩質，就像巧克力在你口中舉辦派對一般！
這是一款萬用甜點，既可以盛盤搭配新鮮莓果
和焦糖醬（第227頁）一起食用，
也可以把所有麵糊全部烤成一個蛋糕，
只是烘烤時間需要長一點，總共35-40分鐘，
或是直到刀子插進去沒有沾黏即可。

你會需要

◦ 12 孔馬芬烤盤（或是 8 吋可拆式蛋糕模），塗抹軟化奶油或噴上防沾烤盤油

食材

◦ ⅔ 杯（150g）有鹽奶油，切塊
◦ 1 杯（180g）黑巧克力豆
◦ ¾ 杯（170g）砂糖
◦ ⅔ 杯（65g）無糖可可粉，過篩
◦ 4 大顆蛋
◦ 非必備：1 杯清洗過的當季新鮮莓果，如草莓、藍莓、覆盆子、黑莓

做法

◦ 烤箱預熱175℃。
◦ 把奶油和巧克力豆放入小湯鍋，開小火加熱融化，拌至滑順均勻。離火。
◦ 把糖和可可粉放入裝有打蛋器的直立式攪拌機的攪拌缽。放入蛋，使用低速打1分鐘到質地均勻。
◦ 攪拌機一邊運轉，一邊緩緩倒入溫熱的巧克力奶油混合物，繼續攪打1分鐘左右至滑順。
◦ 將麵糊挖進馬芬烤盤，每一個孔裝⅔滿。烘烤23-25分鐘，直到測試針插入中心沒有沾黏為止。
◦ 把蛋糕放在烤架上完全放涼，接著使用曲柄抹刀或奶油抹刀輕輕脫模；這些蛋糕沒有麵粉，因此比一般的馬芬脆弱。
◦ 這些迷你蛋糕可在食用的前一天製作，做好後直接放在烤盤中，用保鮮膜蓋起來冷藏保存。食用前，以175℃烘烤10分鐘即可。

焦糖醬

500ml（2 杯）

食材

◦ 1 又 ½ 杯（300g）砂糖
◦ ¼ 杯（60ml）水
◦ 1 又 ½ 小匙檸檬汁
◦ 1 杯（250ml）鮮奶油
◦ ¼ 條（2 大匙）無鹽奶油
◦ 1 大匙馬爾頓海鹽

做法

◦ 把糖、水和檸檬汁倒入厚底湯鍋，開小火輕輕攪拌到糖完全溶解。
◦ 轉中大火煮滾，不要攪拌，直到糖漿變成深琥珀色，約7-8分鐘。離火。
◦ 一邊慢慢倒入鮮奶油（糖漿會劇烈冒泡），一邊快速但小心地攪打融合。若部分焦糖結塊了，開小火攪拌到溶解即可。
◦ 放入奶油和鹽巴，攪拌到滑順。溫熱或常溫使用。
◦ 這款淋醬可事先製作，放在罐子裡冷藏保存7天（使用前以微波爐或小火加熱變軟）。

NANA'S SHORTBREAD COOKIES

奶奶的酥餅

48個5cm的餅乾

逢年過節，我們雖然也很期待爸媽在錄音機上播放的熱門流行歌
和媽媽使用一應俱全的食材做出的烤火雞
（她愛上我們的爸爸後就信了猶太教，但在光明節還是照樣烤火雞），
但卻沒有任何東西像奶奶的酥餅一樣美味傳統。
我們到現在還留著她的餅乾模具組，造型有：
枴杖糖、星星、聖誕樹（我最喜歡的，因為它最大）、雪人等。
餅乾取出烤箱之後，她會灑上亮晶晶的裝飾糖粒，把它們變成平安夜降下的閃爍雪花……
這些餅乾無論是過去或現在，對我們來說都像魔法一般。

你會需要

- 餅乾模具
- 2個45x33cm鋪有烘焙紙的烤盤

食材

- 1杯（225g）有鹽奶油，室溫
- ½杯（100g）紅糖
- 1小匙香草精
- 2杯（250g）中筋麵粉，外加額外擀麵團需要的量
- 裝飾糖粒或粗粒砂糖，用來灑在餅乾上（可省略）；或是呼應節慶使用任何顏色形狀的裝飾糖！

備註：使用的造型餅乾模具不同，做出來的份量也會不同。

做法

- 烤箱預熱175℃。把奶油放入大碗中，使用木匙（向奶奶致敬）攪打軟化，接著加入糖，好好攪打均勻，最後拌入香草精。
- 一次加入1杯麵粉，揉成1個麵團。不要害怕用上你的雙手，這樣才能把麵團揉得均勻。用保鮮膜包住麵團，冷藏30分鐘以上。
- 檯面灑上麵粉，把麵團擀成3mm左右的厚度，使用餅乾模具切出造型，將造型餅乾放在烤盤上，能放多少就放多少。我們一個烤盤放了24個圓形餅乾，因為這些麵團不會膨脹，所以只需要一點點間隔。沒切完的麵團再次揉在一起後重新擀開，可以多做幾塊餅乾。
- 灑上裝飾糖粒。一次烘烤一盤，13-15分鐘，直到餅乾邊緣呈金褐色，把餅乾移到烤架上放涼。
- 這些餅乾可放在密封容器中保存5天，每一層中間要以烘焙紙隔開。

MINI KEY LIME PIES

迷你萊姆塔

6個馬芬大小的迷你塔；
也可以使用6個陶瓷烤盅製作

在南佛羅里達的傍晚一邊埋頭吃著萊姆塔，
一邊看著夕陽西下，是沃爾夫一家人最美好的回憶之一。*
在寫這本書的期間，我們剛好在試驗要如何將這份完美的夏季食譜
從一次只能做「一打」，到一次可以做「好幾打」，以便夏天時能在蒙特婁各分店供應這道甜點。
新鮮的萊姆皮和萊姆汁是關鍵！

你會需要

○ 6 孔馬芬烤盤
○ 萊姆刨絲器

食材

○ 2 又 ½ 大匙刨好的萊姆皮
○ 4 顆蛋黃
○ 1 罐 396g 的煉乳
○ ½ 杯（125ml）萊姆汁
○ 1 又 ½ 杯（210g）壓碎的全麥餅乾屑
○ 3 大匙砂糖
○ 5 大匙（70g）融化的無鹽奶油
○ ¾ 杯（180ml）鮮奶油
○ ¼ 杯（30g）糖粉

---

* 譯註：萊姆塔（key lime pie）源自佛羅里達州，
　後來更成為該州的「官方代表塔派」。

做法

○ 烤箱預熱160℃。

○ 製作萊姆餡：把1又½大匙的萊姆皮和蛋黃放入大碗中，用打蛋器攪打成淡綠色，約2分鐘。依序拌入煉乳和萊姆汁後靜置在室溫中，讓萊姆餡慢慢變得濃稠。

○ 把全麥餅乾屑、砂糖和奶油放入另一個碗攪拌均勻。用手把餅乾屑填裝在6個馬芬模裡用指腹壓實，讓餅乾屑均勻分布。烘烤8分鐘，直到塔皮變成金褐色。放涼15分鐘。

○ 將萊姆餡倒在塔皮上烘烤約15-17分鐘，直到萊姆餡只有輕微晃動。在室溫下放涼後蓋上保鮮膜冷藏冰透，約2-3小時。

○ 把鮮奶油放入大碗或裝有打蛋器的直立式攪拌機的攪拌缽。一邊攪打，一邊倒入糖。部分打發後，加入剩下的1大匙萊姆皮，再打發至硬性發泡。6個迷你塔上各放一坨鮮奶油。

○ 可用萊姆刨絲器刨出一絲絲漂亮的萊姆皮，將萊姆皮彎成弧圈擺在迷你塔上做為裝飾。

NUT BUTTER AND CHOCOLATE CUPS

堅果醬
巧克力杯

9個迷你巧克力杯

這些是Reese's花生醬巧克力杯的自製版，
使用可可固形物百分比較高的巧克力（像是85%的巧克力）製作，就可以吃得健康。
我們喜歡這份食譜的原因很多：
完全不需要開爐火或開烤箱（巧克力杯是靠冷凍庫成形）；
容易變化（花生醬、杏仁醬、腰果醬都很適合）；
想要的話，可以輕鬆製作出更多份量的巧克力杯。
有一次，我們的冷凍庫壞了，
我們就在室外溫度只有零下23度的某個一月午後製作這些甜點。
加拿大的大自然很快就幫我們把巧克力杯凝固了！

備註：果醬可以省略。我們喜歡Bonne Maman牌的櫻桃或覆盆子果醬，
但是你可以使用任何你喜歡的口味。

你會需要

◦ 迷你杯子蛋糕或馬芬烤盤，塗抹無鹽奶油或噴上防沾烤盤油

食材

◦ 150g 黑巧克力，分成 2 份
◦ ½ 杯（125g）任一種類細滑無糖的堅果醬
◦ 2 小匙楓糖漿
◦ 2 小匙椰子細粉
◦ 1 撮細海鹽（假如堅果醬沒有加鹽的話）
◦ ½ 杯（170g）任一口味的果醬（可省略）
◦ 馬爾頓海鹽，用來灑在巧克力杯上

做法

◦ 把一半的巧克力切碎，放入小碗中，使用微波爐融化。每15秒鐘取出一次，直到可以拌至完全滑順為止。

◦ 把各2小匙（快溢出茶匙的量）的融化巧克力舀入9個模具孔內，用茶匙的背面把巧克力抹滿模具側邊。

◦ 將模具放入冷凍庫至少15分鐘，使巧克力凝固。

◦ 把堅果醬、楓糖漿、椰子細粉和鹽巴放入碗中攪拌至滑順均勻。把1小匙內餡挖到凝固的巧克力杯裡，最上面留一點空間，放入一小坨果醬（若有使用的話）。

◦ 把剩下的巧克力切碎放入小碗中，使用微波爐融化。每15秒鐘取出一次，直到可以拌至完全滑順為止。

◦ 把2小匙溫熱的巧克力蓋在堅果醬（和果醬）上方，用曲柄抹刀把巧克力抹平，蓋住整個內餡。灑上適量海鹽。冷凍5-10分鐘，使上層巧克力凝固後便可脫模享用！

◦ 這些巧克力杯可放在密封容器中冷藏保存3週。

致謝

曼蒂 | 這本書確實稱得上是心血之作。但當你熱愛自己所做的事，就不算是在工作，不是嗎？如果沒有以下這些獨特的靈魂幫助我們，這趟旅程不可能完成。對他們，我只有無盡感恩。

給梅莉迪絲、肯德拉、琳賽、羅伯特及企鵝藍燈書屋的加拿大團隊：謝謝你們讓出書過程如此順利，我已經等不及再跟你們合作！給有著最美笑容、態度以及愛爾蘭與英國腔的攝影師和設計師艾莉森和凱莉：妳們看見的正是我們看見的。謝謝妳們捕捉到的美好畫面，同樣點亮了我們的雙眼。給我們的平面設計女王莎拉·拉札：妳陪我們走過大部分的旅途，總是將我們的願景跟妳獨一無二的天賦與對美和原創的眼光結合在一起。謝謝妳對視覺藝術的全心投注。

給凱黎、克爾莉、凱麗·安與艾德溫娜：謝謝妳們總是心地善良、心情開朗。妳們好棒。妳們永遠都是第一名，最強的。給艾德——提升了我們服務藝術的那盞明燈：這個世界需要更多像你一樣迷人、無私又善良的人。給我們的核心總部團隊、讓這輛沙拉列車能持續前進的支柱：貝托，謝謝你不斷照顧、呵護「曼蒂沙拉」這座花園；麗莎，謝謝妳成為最聰明、最能幹的幕後功臣；羅，謝謝妳總是不正經地搞笑，同時還一邊在讀法律學位；安德莉雅，謝謝妳這麼快就適應我們的文化，打從第一天就融入這個沙拉大家庭。我們愛你們大家。給凱爾絲，我最隨和、最跟得上文化、最好笑的女兒：謝謝妳所做的一切，也謝謝妳從一開始就融入這個家庭。給湯尼、潔西：謝謝你們常適時幫我們踩煞車，謝謝你們如此忠誠勤奮，克制不時出現的上司姊妹怪點子。給瑪達：沒有妳，我們該怎麼辦？妳認真、忠心、美麗，總是奮力維護我們的品牌和所有人的福祉，在別的地方是找不到的。我們愛妳，也對妳心懷感激。

給拉奇：你一定要有自己專屬的段落。我知道你最喜歡受到注目，所以，聽好了：謝謝你擁有一顆跟我們一樣熱愛食物的心；常常傳訊息告訴我們好點子；交換好笑的小孩學步故事；總是知道一些有趣的小知識；有著無可匹敵的工作倫理（這太難找了）；研發那些美味的食譜，讓我們驕傲地放上菜單。無論在哪裡的廚房跟你一起做菜，都一定會成為我那天的亮點。即使你有時候心情差，你知道我還是愛你……幾乎就跟你愛我的測量技巧一樣。

給努力做到完美的各分店經理，無論是後台的老饕或前台的貴賓大使：我發自內心感謝你們延續我和瑞貝卡多年前樹立的傳統和價值觀。我不需要一一唱名，你們知道我在說的就是你們。我愛你們，也非常感謝你們。

給我的晚餐女子天團夏尼、歌蒂、莫莉亞／莫里斯、麥莉大媽、妮妮和娜特：謝謝妳們十四年來願意為我赴湯蹈火、在所不辭。妳們的姊妹情誼、晚餐、食譜分享、每天五百則的群組訊息以及歡笑和淚水，是我的全世界。

給貝兒：謝謝妳一直都是我們的忠實粉絲，永遠跟我們一起分享對美食的熱情、歡笑和旅行，還有最重要的對薩奇的那份愛。給珍妮絲：妳是我當初的那位搖滾食物死黨。謝謝妳帶給我的一切好玩、時尚、美味、靈性的事物。我每天都很想妳。給FACZL的孟德爾－特倫布雷團隊：謝謝你們（幾乎是在）跟我們競爭誰的家族比較龐大！我們的聚餐總是超級經典，笑聲綿延不斷。

給我最好的朋友、最可靠的臂膀、我的愛、我的哈比比——麥克，還有我們的孩子薩奇、朱爾斯、查莉和艾拉：你們是我的一切。麥克，謝謝你的忠誠、支持與愛，剛開始總是陪著我到Aubut、Costco等各個市場，清晨五點把垃圾和回收拿出去，而且直到今天仍然很愛烤雞和甜芝麻糖漿的味道，因為這讓我們想起最初的日子，我愛你。無論我們身在何方，你都是我的家。孩子們，終有一天你們會愛上沙拉，我也會很高興的 ;)

給文斯王子：你是我見過最有耐心、樂於幫忙、全力支持又正面積極的蒙特婁人脈連結者。你有一顆無限大的心。謝謝你相信我們，給我們開始的機會。給蒂塔和吉多：謝謝你們打從一開始就很友善，謝謝你們教導我強烈的家庭觀，謝謝你們對兒孫如此溫柔，也謝謝你們跟我們一起享用無數次美味的黎巴嫩佳餚。

給蘇珊娜：謝謝妳把我們所有人、我們的家和我們的孩子照顧得這麼好。沒有妳，我們不可能做到這一切。謝謝妳如此忠誠盡心。我們愛妳。

給茱豆、媽咪、我們的頭號粉絲和仰慕者：謝謝妳跟我一起在廚房創造了許多兒時回憶，讓我吃或摸所有東西。妳是我所見過最甜美、最慷慨、最時髦的女人。妳的智慧不管過了幾年都還持續存在、加深。妳教了我很多，尤其是如何成為一個慈愛和藹的母親。

給潔西：我對妳的那顆心、無盡的創意與智慧深深感激，也很感謝瘋狂派對、暑假吃遍歐洲和澳洲的那些快樂回憶。我跟妳一起經歷了好多第一次，我很愛妳。

給喬許：你是個有為的年輕人，謝謝你多年來讓我為你煮飯，在你還是我年幼的弟弟時，總是把湯匙上的餅乾麵團舔得一乾二淨。你們兩位都是很棒的人，我很驕傲能成為你們的姊妹。

給爸爸：我知道你一定在天上看著這一切，露出驕傲的笑容。謝謝你傳遞了沃爾夫家族強悍的性格給我們，提醒我們「誰在乎別人怎麼想，做自己就好」，並且教導了我們創業的精神……

給同樣屬於沃爾夫家族的瑞奇、桑尼與狄妮絲、琳恩與豪伊、艾莉莎、露露與丹尼爾：謝謝你們陪我創造了一些快樂的童年回憶，無論是在北部的湖邊、緬因州的海岸或猶太崇高節期的期間，我們在一起的時光、瘋狂的大笑以及對食物與小孩共同的熱愛，都成為我今天的一部分。我愛你們大家。

給我的另一位人生伴侶瑞貝卡：這真是一趟令人眼花撩亂的美麗旅程！感謝上天我們擁有彼此。我真的不敢相信我居然可以每天跟妳一起工作，這樣的幸運是文字無法形容的。妳是一位創意天才。謝謝妳在我們精緻的店內空間實現妳那獨特的想像力。我對妳的愛、尊敬和感恩是沒有限度的。妳是這世上最獨一無二的人，我每天都越來越愛妳！

最後，給所有熱愛沙拉的人、我們蒙特婁的死忠粉絲、從一開始就不斷支持我們的那些顧客：沒有你們，我們不會走到今天。你們完全改變了我們的生命。謝謝你們總是聲援我們。

瑞貝卡　｜　我要大大感謝梅莉迪絲願意接下這本書。妳在食物方面的經驗和技巧是這整趟出書之旅難能可貴的寶物。妳既擅長文字，又有獨到眼光，使得跟妳合作成為一件非常啟發人心的事。謝謝妳拼湊出這樣的成果，實現我們的出書夢。

我要謝謝艾莉森、凱莉和拉奇辛辛苦苦拍出那麼棒的食物照片。每張照片背後都蘊含歡笑和有趣的創意實驗，是讓我最開心的事。謝謝你們跟我們一起參與這趟旅程，希望我們可以再一起完成許多書。我要謝謝肯德拉無與倫比的測試、琳賽的編輯和信任，以及莎拉的設計和總是「戳中我」的能力。

生菜女士慈善活動。

鄉村派對規劃。

鄉村員工旅遊。

聖誕派對

拉瓦勒分店開幕。

給我的伴侶：謝謝你鼓勵我永遠做大夢。在這趟旅途中，你從不懷疑我，總是當我的頭號粉絲，使我擁有一雙助我高飛的翅膀。我愛你，文斯。我要謝謝我的小不點兒，讓我每天都有想要變得更好、做得更好的理由。你們是我崇高的目的。

我要謝謝整個曼蒂沙拉家族，沒有你們，這一切不可能會成真。你們讓每天的「工作」變得有趣。少了你們任何一人，這趟旅程的願景不可能實現。我們是一個以人為本的團隊，跟你們所有人一起朝更大的夢想努力，讓每一天變得極為充實又充滿動力。

媽咪，我愛妳，謝謝妳教導我「信任自己所愛之人」的意義是什麼。妳總是對我所做的一切有信心。我永遠感謝妳在我人生的每一個層面所表達的無條件支持。爹地，謝謝你在我心中植入創業的精神。你教會我沒有翻越不了的山、沒有太過天馬行空無法實現的想法、沒有太過遙不可及的夢想。而最重要的是，堅持不懈勝過一切。我愛你。

我要謝謝我的雙胞胎喬許，身為這個家庭的年幼組，能夠有你這位隊友，是我最棒的禮物之一。你持續不斷讓自己和身邊的人變得更好，總是令我讚嘆。我真心相信你有一天可以成為世界的主人。謝謝你的友誼。我愛你。潔西，謝謝妳的支持。妳是我最早期的一些創作（時尚、音樂、藝術等領域）的一部分。妳總是在突破創意疆界，我很幸運小時候有妳這個永遠不怕挑戰極限的榜樣。愛妳唷。

我要謝謝整個卡瓦洛及蜜蜜與可可家族：湯尼、維克、阿尼、克里斯、迪娜與尼克。謝謝你們當我們最大的支持者、讓我們在你們的店裡翱翔、永遠不懷疑我們的能力、總是帶著愛跟我們一同成長，並且讓我看見真正的飲食文化（請搜尋#ItaliansDoItBetter）。我永遠沒有無聊的一刻；我愛你們大家。露西和維克，謝謝你們把我最喜歡的人帶到這個世上，也謝謝你們成為如此慈愛開放的父母和祖父母。你們的義大利行事風格教會我很多「生活的藝術」。我愛你們。

瑪達，我從妳身上學到如何當一個堅定的人。妳的絕對忠誠和對卓越的堅持令人讚嘆。我愛妳。沒有妳每天管理我們的世界（真的就是這樣），我們不可能來到今天這一步，謝謝妳所做的一切。艾爾瑪，謝謝妳讓我們連結在一起，讓我們過去這五年的生活變得輕鬆！妳簡直就像個神祕忍者，是沒有人比得上的多重任務能手。我有好多可以跟妳學習的。我們都很愛妳，謝謝妳心胸寬大，也謝謝妳所做的一切。

給我的「每人一菜派對」女士們：達娜、娜蒂雅、麗莎、法爾妮、潔琪和莉姿。謝謝妳們總是在我身邊。我們的友誼見證了我沙拉事業的整個演化過程。我無法想像沒有妳們的愛、建議、支持與啟發，我將如何度過人生中的這個篇章。期許我們能一直擁有逆轉人生的趣事和難以預料的冒險，退休之後仍然如此！我愛妳們大家。

寶寶，我很謝謝妳豪邁的笑聲、我們的旅行以及妳對一切令人害臊又歇斯底里的事物的欣賞。謝謝妳像個姊妹一樣，我愛妳。米雪莉娜，我要為了我們的姊妹情誼感謝妳。謝謝妳成為我的天空，無條件支持我走過一切。謝謝妳在我們都還不知道冥想是什麼的時候，就列出了我們的「壓力清單」。我愛妳。

哈里森團隊，謝謝你們成為我的另一個家族。你們是很特別的一群人，每一個人都被我深深放在心裡。在我的整趟旅程中，你們總是透過各種方式支持我。謝謝你們做你們自己。

給裘裘，也就是我的商業死黨兼顧問：謝謝妳總是傾聽，並且在關鍵狀況下以全新、更清楚的觀點打開我的視野。妳的建議十分寶貴，我很喜歡待在妳強大耀眼的能量四周。給謝麗娜：妳那顆寬大美麗的心令人極為仰慕。我很珍惜妳的愛與支持，也非常欣賞妳的頭腦（運轉速度就跟光速一樣快）。

桑尼與狄妮絲，我愛你們。我好感激你們回到蒙特婁，而非別的地方！狄妮絲，妳帶來源源不絕的食物和生活風格靈感。桑尼，謝謝你就好像我們的爸爸一樣，尤其是在我們失去了親生父親之後。我們的孩子很幸運有你這「另一個外公」。琳恩、豪伊、露露、艾莉莎與丹尼爾以及你們完美的伴侶和子女們，我打從內心愛你們，感謝我們一起在這美麗的大家庭裡共同長大。

曼蒂，我一直拖到現在才提到妳，因為實在沒有言語能表達我對妳的愛與欽慕。我常常感謝命運讓老天爺把妳帶到我的生命裡，一起追逐這個夢想。妳做每一件事所展現的智慧、真誠的和善、真實的自我與正直，令我咋舌不已。除了性格，妳在食物方面的天分總是叫人驚嘆。我要謝謝妳轉變了沙拉的定義。妳是我所見過最會創新的廚師，無人能比。我很驕傲自己可以稱妳是我的另一個人生伴侶。我愛妳。

| 梅莉迪絲 | 我要謝謝曼蒂和瑞貝卡邀請我跟她們合作。我從二〇〇八年開始就是「曼蒂沙拉」的顧客，吃了不下數百萬次了，所以應該算是這份工作的適合人選。妳們是很好合作的對象，謝謝妳們總是如此慷慨、認真，也是相當機伶又風趣的夥伴。拉克蘭，謝謝你的耐心指導和回答；肯德拉・麥克奈特（Kendra McKnight），謝謝妳完成測試工作，提供寶貴意見；琳賽・帕特森（Lindsay Paterson），謝謝妳的支持與編輯工作。願我們日後還有更多合作機會！羅伯特・麥卡洛（Robert McCullough）與琳賽・佛莫勒（Lindsay Vermeulen），謝謝你們的信心。艾莉森・斯萊特利（Alison Slattery），妳超強大，思路敏捷，我要謝謝妳的遠見。莎拉・拉札，謝謝妳的完美設計。 |

我們兩姊妹與梅莉迪絲（中）